Kapilan Ranganathan
Mekala Uthayasooriyan

Cultura de tecidos de plantas

Kapilan Ranganathan
Mekala Uthayasooriyan

Cultura de tecidos de plantas

ScienciaScripts

Imprint

Cover image: www.ingimage.com

This book is a translation from the original published under ISBN 978-3-659-82103-5.

Publisher:
Sciencia Scripts
is a trademark of
Dodo Books Indian Ocean Ltd. and OmniScriptum S.R.L publishing group

120 High Road, East Finchley, London, N2 9ED, United Kingdom
Str. Armeneasca 28/1, office 1, Chisinau MD-2012, Republic of Moldova, Europe
Printed at: see last page
ISBN: 978-620-8-31943-4

PREÂMBULO

A rápida evolução dos conhecimentos científicos torna difícil para os cientistas manterem os seus conhecimentos a par dos desenvolvimentos actuais. Apesar de existirem várias revistas publicadas a diferentes níveis, os estudantes têm dificuldade em obter artigos de revisão e bons livros de texto. Nestas circunstâncias, os autores apresentaram-se para acrescentar algum conhecimento ao mundo científico. Este livro contém pormenores sobre a cultura de tecidos e incluiu, tanto quanto possível, as tendências actuais. Felicito os autores deste livro de cultura de tecidos de plantas por terem lançado este livro que não só faz com que os estudantes e os novos leitores compreendam o assunto, mas também os ajuda a prepararem-se para o trabalho laboratorial. A forma simples deste livro irá certamente apelar aos principiantes para os levar numa viagem de auto-aprendizagem. O livro tem boas ilustrações com diagramas.

Tenho a certeza de que este é o início dos autores e que, no futuro, eles apresentarão mais ideias inovadoras para tornar a matéria mais compreensível para os estudantes. Desejo-lhes as maiores felicidades para o seu futuro.

Prof. Ms.Vasanthy Arasaratnam,
Professor Sénior de Bioquímica e Vice-Chanceler, Universidade de Jaffna, Thirunelvely, Sri Lanka.

PREFÁCIO

A contribuição mais importante da cultura de tecidos vegetais (PTC) é a capacidade única das células vegetais de regenerar plantas completas, através da organogénese, independentemente da sua origem vegetal e do seu nível de ploidia. Esta técnica de cultura de plantas *in vitro* é amplamente utilizada em numerosas aplicações práticas em biotecnologia para o melhoramento de culturas. O objetivo deste livro foi disponibilizar um texto atualizado, abrangendo todos os aspectos teóricos e práticos da cultura in vitro de plantas, para estudantes e investigadores de ciências vegetais e biotecnologia. O livro inclui dez pequenos capítulos profusamente ilustrados com fotografias e diagramas auto-explicativos. As sugestões para melhorar o livro são muito bem-vindas.

Agradecemos à Lambert Academic Publishers, reconhecida mundialmente, pela elaboração e publicação deste belo livro de texto. Gostaríamos de agradecer a todos os cientistas que contribuíram para a PTC com os seus trabalhos e àqueles que nos ajudaram a completar esta tarefa desafiante. Esperamos que este livro seja definitivamente útil para todos aqueles que desejam adquirir conhecimentos em cultura de tecidos de plantas. Conhecimento é riqueza.

Mekala Uthayasooriyan, B.Sc (Hons - Jaffna)
Dr. Ranganathan Kapilan, B.Sc (Hons), M.Phil (Jaffna), PhD (Alberta).

Departamento de Botânica
Universidade de Jaffna
Jaffna, SriLanka
dezembro de 2015.

ÍNDICE DE CONTEÚDOS

1. Introdução à cultura de tecidos vegetais

A cultura de tecidos vegetais é uma das técnicas utilizadas para manter e cultivar células, tecidos ou órgãos vegetais em condições estéreis num meio nutritivo artificial de composição conhecida, em recipientes adequados e em condições ambientais controladas, a fim de produzir a planta completa.

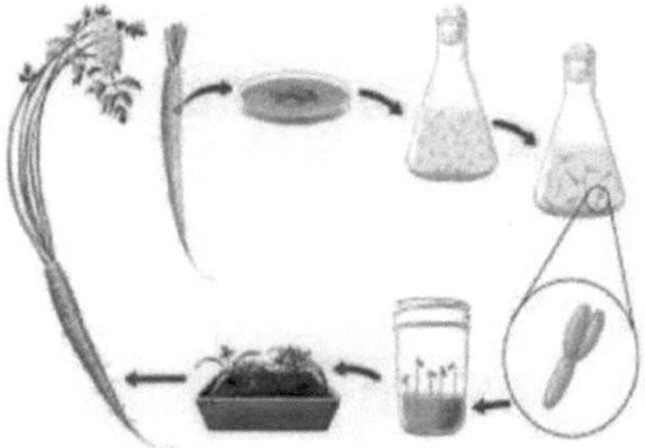

Figura 1: Passos básicos importantes na cultura de tecidos de plantas

O estudo e a investigação das plantas implicam frequentemente a produção de novas plantas num ambiente controlado. Estas plantas podem ser, por vezes, geneticamente alteradas ou podem ser produzidas cópias. Todos estes objectivos podem ser alcançados através da aplicação da cultura de tecidos de pequenos pedaços de tecido da planta que nos interessa. Estes pequenos pedaços são geralmente retirados de uma única planta-mãe ou podem ser um produto final intermédio de um processo de transformação genética. Este pequeno tecido é então induzido a crescer e a desenvolver-se numa planta inteira através de técnicas de cultura. As técnicas de cultura de tecidos são frequentemente utilizadas para a produção de plantas para fins comerciais, investigação e para proteger as espécies vegetais ameaçadas. A cultura de tecidos começa com a utilização de pequenos pedaços de tecido vegetal, designados por explantes. Estes explantes são cultivados num meio nutritivo de composição conhecida, em condições extremamente estéreis. Cada tipo de explante necessita de condições de crescimento adequadas para o seu desenvolvimento. Os explantes jovens e saudáveis são levados a produzir novos rebentos, através da adição de hormonas adequadas de concentração conhecida. As plântulas jovens são divididas, na fase de desenvolvimento dos rebentos, para produzir um grande número de novas plântulas. As novas plantas são colocadas cuidadosamente no solo e deixadas a crescer como uma planta normal. Inicialmente, é necessário um grande cuidado para que a planta cultivada em cultura de tecidos cresça no solo. Quando esta planta se adapta às condições ambientais, pode crescer como uma planta normal. A cultura de tecidos utiliza um grande número de variedades de plantas. O tabaco, o milho, o arroz, o choupo, a Arabidopsis, a couve-flor, a rosa, as diversas folhas verdes e as sementes oleaginosas podem facilmente produzir clones, ou seja, cópias genéticas, através da técnica de cultura de tecidos.

A cultura de tecidos vegetais é uma técnica eficaz em comparação com os métodos tradicionais de propagação de plantas.

1. A produção de plantas em qualquer altura, as alterações climáticas não afectarão a produção da planta.
2. Podemos produzir a cópia original da planta em grande número com a caraterística de interesse Ex: Melhor flor, frutos, odores, e outras caraterísticas desejáveis, que são benéficas para o ser humano.
3. Produção de variedades sem sementes
4. Produzir rapidamente a planta, o que consome muito tempo
5. Um tecido infetado pode dar origem a uma nova planta sem infeção
6. A geração de plantas em recipiente estéril adequado que permite evitar pragas, agentes patogénicos e transmissão de doenças.
7. Mais adequado para a horticultura e a agricultura modernas
8. As sementes que têm muito poucas hipóteses de germinar são produzidas por esta técnica Ex: Orquídea
9. Isto é útil para a prevenção da fome, porque o processo é altamente eficiente utilizando uma planta.

Totipotência

Muitas células vegetais têm a capacidade de regenerar uma planta inteira. A cultura de tecidos vegetais depende principalmente da capacidade das células vegetais de regenerar uma planta inteira num meio de cultura adequado. Este fenómeno é designado por totipotência. Uma única célula vegetal, pedaços de folhas, caule ou raízes sem parede celular são capazes de se desenvolver numa planta completa.

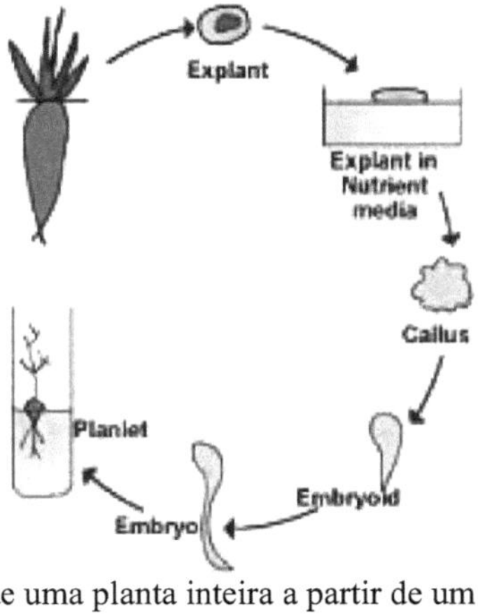

Figura 2: Produção de uma planta inteira a partir de um tecido - Totipotência-

Necessidade de um ambiente esterilizado

O ponto importante na cultura de tecidos é manter rigorosamente o ambiente estéril durante todo o processo. Se o meio de cultura for infetado ou contaminado por uma única célula bacteriana/esporo ou esporo fúngico, este multiplicar-se-á rapidamente e estragará todo o estudo.

Técnicas de cultura de tecidos

As condições asssépticas devem ser rigorosamente mantidas em todas as etapas antes de uma planta completa ser transferida para o campo. O ar fresco esterilizado e filtrado é geralmente fornecido por uma câmara ou armário de fluxo de ar laminar. As plantas vivas são naturalmente contaminadas pelos microrganismos. Por conseguinte, é necessária a esterilização superficial dos explantes em soluções químicas. Normalmente, utiliza-se álcool e hipoclorito de sódio ou de cálcio para esterilizar o explante sem danificar as células. Geralmente, os explantes são colocados na superfície de um meio de cultura sólido. Por vezes, são mantidos no meio líquido. Ex: Quando se pretende fazer culturas de suspensão de células.

Descobertas importantes na cultura de tecidos de plantas

A ciência da cultura de tecidos vegetais tem as suas raízes na descoberta da célula e da teoria celular. Em 1838, Schleiden e Schwann propuseram que a célula é a unidade estrutural de base de todos os organismos vivos. Explicaram que a célula é capaz de autonomia e, por conseguinte, deve ser possível que cada célula regenere toda a planta se forem dadas condições ambientais adequadas. Com base nesta premissa, em 1902, um fisiologista alemão, Gottlieb Haberlandt, tentou cultivar células isoladas da paliçada de folhas jovens em solução salina de Knop adicionada de sacarose.

Figura 3:Gottlieb Haberlandt, primeiro a introduzir a totipotencialidade na cultura de tecidos de plantas

1902- Haberlandt a primeira pessoa que tentou Bolate e Mengkulturkan tecido de plantas monocotiledóneas

1924- formação de calos a partir de raízes de cenoura

1939- Gautheret cultiva com sucesso plantas de cenoura e de tabaco com cambium de cultura

1949 - Cultura invitro de plantas frutíferas de Nitsch

1954 - Muir foi o primeiro a dividir o calo numa única célula

1958- Demonstração de embriões somáticos a partir de células de cenoura em suspensão por Reinert na Alemanha e Steward nos EUA

1960- O isolamento e a cultura de meristemas de rebentos e de meristemas de plantas noda l resultaram na regeneração de rebentos múltiplos e de plantas isentas de vírus e de outros agentes patogénicos

1960- A suspensão de células foi filtrada e as células individuais foram isoladas por plaqueamento

1962- Uma solução equilibrada que serviu de meio básico para um vasto espetro de tecidos vegetais é o Murashige Skoog (MS)

1964- Guha & Maheswari a descoberta das primeiras plantas haplóides por androgénese na planta Datura.

1970- O isolamento dos protoplastos celulares através do tratamento da célula com enzimas que degradam a parede celular, graças aos esforços pioneiros de Edward Cocking na Universidade de Nottingham.

1981- Larkin e Scowcroft introduziram o termo variação somaclonal

1986- Um desenvolvimento da cultura de salvamento de embriões, dissecando embriões imaturos de hibridação distante e cultivando-os em cultura asséptica para obter plântulas viáveis.

2. Tecido vegetal Meios de cultura

Meios de cultura

Substância líquida ou gelatinosa que contém nutrientes e na qual são cultivados microrganismos, células ou tecidos vegetais para fins científicos. O crescimento e a morfogénese dos tecidos vegetais dependem em grande medida da composição do meio de cultura. A composição dos meios pode variar consoante o sistema de cultura em causa. Alguns tecidos respondem melhor em meio sólido, enquanto outros necessitam de um meio líquido.

A composição do meio é adaptada às necessidades culturais e aos objectivos dos estudos experimentais de regeneração, micropropagação, citodiferenciação, androgénese experimental, biossíntese de metabolitos secundários e biotransformação de células. Os meios de cultura de tecidos vegetais (sólidos ou líquidos) são geralmente compostos por diversos sais inorgânicos, nutrientes orgânicos, vitaminas e hormonas vegetais nas concentrações adequadas. Os meios sólidos são preparados a partir de uma mistura líquida com a adição de ágar.

Os componentes dos meios de cultura de tecidos de plantas incluem:

1. Macro nutrientes
2. Micronutrientes
3. Fonte de carbono
4. Suplemento orgânico
5. Reguladores de crescimento
6. Vitaminas
7. Aminoácidos
8. Água
9. Agente solidificante (Agar - para meios sólidos)

Alguns tecidos podem crescer em meios simples que contêm apenas sais inorgânicos e fontes de carbono utilizáveis, mas a maioria dos tecidos necessita de um meio com vitaminas, aminoácidos e substâncias de crescimento como suplementos. A composição e a concentração dos meios de cultura diferem de planta para planta. Para os diversos tipos de plantas deste universo, a composição bem sucedida do meio de cultura já foi definida após uma série de experiências contínuas. Por exemplo, se vou produzir plantas de choupo em cultura de tecidos, pelo menos uma composição padrão bem sucedida de meios de cultura para choupo estaria disponível na prática. A composição atual dos meios de cultura para a maioria das plantas pode ser simplesmente descarregada do sítio Web e utilizada. Podemos modificar a composição do meio de cultura padrão para uma determinada planta de acordo com as nossas necessidades e experiências práticas contínuas. Ex: Se se observar amarelecimento dos bordos das folhas nas plântulas que crescem na câmara de crescimento, então podemos reduzir a concentração de carvão ou ferro e ver como funciona. Se isso funcionar, então podemos ter uma composição modificada do meio de cultura incluindo a nova concentração que funciona bem para resolver o problema do amarelecimento das folhas. Nalguns casos, são adicionadas substâncias nutritivas complexas ao meio. Os meios que são constituídos por compostos quimicamente definidos são designados por meios sintéticos.

Macro nutrientes

Alguns elementos necessários em quantidades relativamente grandes são raramente designados por elementos macro-nutrientes.

Azoto (N) - influencia a taxa de crescimento das plantas, essencial nos ácidos nucleicos das plantas, proteínas, clorofila, aminoácidos e hormonas.

Potássio (K) - importante para a divisão celular, tecido merismático, ajuda nas vias de síntese de hidratos de carbono, clorofila e proteínas.

Fósforo (P) - necessário para os tecidos merismáticos e de crescimento rápido, essencial na fotossíntese e na respiração.

Cálcio (Ca) - importante para a formação da parede celular, desenvolvimento de raízes e folhas. Envolvido na transformação de açúcares e aminoácidos.

Enxofre (S) - envolveu a informação dos nódulos e a síntese de clorofila. É um componente estrutural de aminoácidos e enzimas.

Magnésio (Mg) - O Mg é importante para os sistemas fotossintético e respiratório. Ajuda na absorção de fosfato e na translocação de fosfato e amidos.

Micronutrientes

Alguns elementos necessários em quantidades relativamente pequenas são designados por elementos micro-nutrientes. Mas que são essenciais para o crescimento das células e tecidos vegetais.

Ferro (Fe) - envolvido na respiração, síntese de clorofila e fotossíntese.

Manganês (Mn) - envolvido na regulação de enzimas e hormonas de crescimento. Ajuda na fotossíntese e na respiração.

Zinco (Zn), boro (B), cobre (Cu), molibdénio (Co), iodo (I), níquel (Ni), alumínio (Al), silício (Si)

Fontes de carbono

A fonte de carbono mais preferida na cultura de tecidos vegetais é a sacarose. A glucose e a frutose também podem ser utilizadas como fontes de carbono, mas a frutose é menos eficiente. Outros açúcares como a pentose, a hexose, os trissacáridos, os álcoois de açúcar, os glicóis e os glicosídeos são também utilizados. As células e os tecidos vegetais no meio de cultura não são autotróficos, pelo que necessitam de uma fonte externa de carbono para obter energia. Mesmo os tecidos que são inicialmente verdes ou que adquirem pigmentos verdes em condições especiais durante o processo de cultura não são autotróficos em termos de carbono. A adição de uma fonte externa de carbono ao meio aumenta a proliferação de células e a regeneração de rebentos verdes.

Suplemento orgânico

Vitaminas

As vitaminas são importantes para o crescimento e o metabolismo das plantas. As plantas sintetizam vitaminas endogenamente e estas têm funções catalíticas em sistemas enzimáticos e são necessárias apenas em quantidades vestigiais. O meio requer vitaminas do complexo B e aminoácidos para obter o melhor crescimento do tecido. Ex: Tiamina (B1), ácido nicotínico (B3), pantotenato de D-cálcio (B6), piridoxina (B6), riboflavina, ácido fólico, ácido ascórbico, tocoperol, biotina.

As vitaminas B são solúveis em água. A tiamina é uma vitamina básica requerida por todas as células e tecidos. O ácido nicotínico e a piridoxina são normalmente adicionados aos meios, mas podem não ser essenciais para o crescimento celular em muitas espécies. A biotina, o ácido fólico, a riboflavina, o ácido p-aminobenzóico, o cloreto de colina, o ácido ascórbico e a adenina também podem ser adicionados em casos especiais. A adição de misturas de vitaminas é essencial para a cultura de protoplastos.

Aminoácidos

Os tecidos vegetais cultivados têm a capacidade de produzir aminoácidos que são necessários para várias actividades metabólicas. A adição de aminoácidos ao meio estimula o crescimento celular e estabelece novas linhas celulares. A L-asparagina, o hidrolisado de caseína, a L-glutamina, a L-cisteína e a glicina são fontes comuns de azoto orgânico utilizadas nos meios de cultura.

Antibióticos

Nos meios de cultura, algumas células vegetais podem ser infectadas acidentalmente pelos microrganismos. Para evitar o crescimento de micróbios, é essencial adicionar o antibiótico ao meio. Deve ser dada especial atenção à determinação do tipo de antibiótico que vai ser utilizado na cultura de tecidos, porque certos antibióticos podem inibir a proliferação de calos de alguns tipos de espécies de plantas. Se a concentração de antibiótico exceder um determinado ponto, pode inibir o desenvolvimento do tecido. Estes antibióticos devem ser esterilizados por filtração (não por calor) de modo a manter activas as suas propriedades químicas e funcionais. A estreptomicina e a canamicina a baixa concentração podem controlar eficazmente a infeção sistémica.

Carvão ativado

O carvão vegetal em pó é por vezes adicionado aos meios de cultura de tecidos. O carvão vegetal é um estimulante do crescimento e da diferenciação em orquídeas, cenouras, etc. Certas substâncias fenólicas, inibidoras do crescimento, são adsorvidas pelo carvão vegetal. O charcol é geralmente ácido, pelo que é neutralizado antes da sua adição ao meio. O carvão ativado é geralmente utilizado em concentrações entre 0,5 e 3% no meio de cultura.

Outro suplemento biológico

Os meios de cultura são ainda suplementados com uma variedade de extractos orgânicos. Estes incluem leite de coco, extrato de malte, hidrolisado, banana moída, sumo de laranja, sumo de tomate, extractos de levedura e ágar batata. A escolha destas substâncias orgânicas depende do tipo de planta e das suas necessidades. O extrato de batata foi considerado um meio adequado para a cultura de anteras.

Reguladores de crescimento

O crescimento e o desenvolvimento dos tecidos das plantas superiores in vitro são controlados por quatro grandes classes de reguladores de crescimento, nomeadamente as auxinas, as citocininas, as giberelinas e o ácido abscísico. A diferenciação do crescimento dos tecidos torna-se possível com a adição de uma ou mais destas hormonas a um meio. Geralmente, as auxinas facilitam o crescimento da raiz, as citocininas estimulam a divisão celular principalmente no rebento, a giberelina ajuda no alargamento e o ácido abscísico inibe a divisão celular. O desenvolvimento de diferentes partes da planta a partir do calo indiferenciado é uma espécie de jogo com as proporções e concentrações de diferentes reguladores de crescimento. Estes reguladores de crescimento são vendidos com diferentes nomes comerciais.

Auxina

Uma caraterística comum das auxinas é a propriedade de induzir o crescimento das raízes. Na natureza, as hormonas deste grupo estão envolvidas em actividades como o alongamento do caule, dos entrenós, o tropismo, a dominância apical, a abscisão e o enraizamento. Seguem-se alguns exemplos de auxinas.

1. Ácido indole-3-acético (IAA) - auxina de ocorrência natural
2. Ácido indole-3-butírico (IBA) - auxina sintética indutora de raízes
3. α Ácido naftalenoacético (NAA)
4. Ácido β-naftalenoacético (NOA)

5. P- Ácido clorofenoxiacético (pCPA)
6. Ácido 2,4-5-triclorofenoxiacético (2,4,5-T)
7. Ácido 2,4 Diclorofenoxiacético (2,4-D)

Citocininas

Várias citocininas são derivados da adinina e ocorrem nas plantas como nucleósidos e nucleótidos. As citocininas induzem a divisão celular e modificam a dominância apical e a diferenciação dos rebentos na cultura de tecidos. Também foi demonstrado que activam a síntese de ARN e estimulam a atividade de proteínas e enzimas em determinados tecidos. Exemplos:

1. Cinetina-6-furfurilaminopurina
2. BAP -N-benzilaminopurina
3. Zeatina-6-4-hidroxi-3-metilbut-trans-2-enilaminopurina

Giberelinas

As giberelinas são também utilizadas na cultura de tecidos para promover o crescimento de culturas de células a baixa densidade. Aumentam o crescimento de calos e induzem o alongamento de plântulas anãs ou atrofiadas. O GA3 é a forma mais importante das giberelinas conhecidas.

Ácido abscísico

O ácido abscísico (ABA) ocorre naturalmente nos tecidos vegetais e é sintetizado nos plastídeos. O ABA no meio de cultura estimula ou inibe o crescimento dos calos, consoante a espécie.

Etileno

O etileno é uma das hormonas gasosas mais invulgares sintetizadas nas células em cultura. O etileno intervém no metabolismo e no desenvolvimento das plantas superiores. Exerce uma forte influência reguladora na maioria dos aspectos do crescimento das plantas. Sabe-se que o desenvolvimento das flores e o amadurecimento dos frutos se devem à presença de pequenas quantidades da forma gasosa do etileno. Não tem locais especializados de síntese nas plantas, mas os locais de ação são identificáveis em termos de órgãos inteiros, através do movimento como moléculas dissolvidas.

Agentes solidificadores

Os agentes gelificantes ou solidificantes são normalmente utilizados para preparar meios de cultura de tecidos semi-sólidos. Os géis fornecem um suporte para o crescimento de tecidos em condições estáticas. A gelatina, o gel de sílica e o ágar são obtidos a partir de diferentes ervas marinhas. Alguns tipos de géis de acrilamida têm sido utilizados para fins de solidificação. Os explantes crescem melhor em ágar ou noutros agentes de suporte, consoante o tipo de tecido e a espécie.

Água

A água é utilizada em todas as preparações de meios de cultura de tecidos. A água utilizada durante o procedimento de cultura deve ser estéril e duplamente destilada ou desmineralizada ou destilada.

pH

As células e os tecidos vegetais necessitam de um pH ótimo para o seu crescimento e desenvolvimento nas culturas. Para determinar a alcalinidade ou acidez da solução final, são utilizados medidores de pH. O pH do meio é alterado durante a preparação do meio de cultura. É selecionado e fixado um pH necessário antes da autoclavagem. O pH é ajustado utilizando NaOH ou HCl diluídos com a ajuda de um medidor de pH. Verificou-se que um pH de 5,6-5,8 é adequado para manter todos os sais numa forma quase tamponada.

Diferentes tipos de meios de cultura de tecidos

- Murashige -Skoog (1962)
- Branco (1963)
- Nitsch-Nitsch (1967)
- Meios NT

As hormonas vegetais e a fonte de azoto têm efeitos profundos nas caraterísticas morfológicas dos tecidos que crescem a partir do explante. Se for aplicada uma quantidade excessiva de auxina, esta proliferará as raízes, enquanto que uma quantidade excessiva de citocinina poderá aumentar os rebentos. Um equilíbrio entre auxina e citocinina induziria a formação de uma massa desorganizada de células chamada calo. O aspeto do calo depende da espécie vegetal e da composição do meio de cultura. medida que as culturas crescem, pedaços do calo são cuidadosamente cortados em condições asséptica e transferidos para novos meios de cultura recém-preparados. Este processo é designado por subcultura. A subcultura facilita o crescimento e altera a morfologia do calo. A determinação da cultura, como a parte que deve ser cultivada e a que deve ser descartada, baseia-se principalmente na habilidade, inteligência e experiência do cultivador de tecidos que está a realizar a cultura. Quando os rebentos emergem do calo, podem ser cortados e deixados enraizar num meio de cultura adicionado com auxina numa concentração adequada para produzir raízes nas plântulas jovens. Uma vez amadurecidas, estas plântulas podem ser transferidas para solo de vaso para crescimento posterior na estufa em condições normais, para que possam crescer como plantas normais.

Equipamento laboratorial de um laboratório de cultura de tecidos

cabina de fluxo laminar - para criar um ambiente estéril,

frigorífico - para armazenar os produtos químicos

congelador	- para armazenar os produtos químicos
Forno de ar quente	- para lavar a seco o material de vidro e esterilizar por calor seco
Autoclave	- para esterilizar algodão e líquidos por calor húmido
Baixa de dissecação estéreo microscópio de potência	- para observar o provete durante o corte
Agitadores giratórios	- para misturar a solução
Micrótomo	- para obter uma secção fina de tecidos
Medidor de pH	- para definir e ajustar o pH do meio
termómetro	- para controlar a temperatura

3. Preparação dos meios de comunicação social

Meios MS

O meio de Murashige e Skoog (**MSO** ou **MS0**) é um meio de crescimento de plantas amplamente utilizado na cultura de tecidos de plantas em todo o mundo. O meio MSO foi inventado pelos cientistas de plantas Toshio Murashige e Folke K. Skoog em 1962, quando Murashige estava à procura de um novo regulador de crescimento para as plantas. Um número por detrás das letras MS é utilizado para indicar a concentração de sacarose. Por exemplo, MS0 não contém sacarose e MS15 contém 15 g/l de sacarose. Juntamente com as suas modificações, é o meio mais utilizado em experiências de cultura de tecidos de plantas. Uma série de experiências demonstrou que a variação dos níveis da composição de nutrientes aumentará substancialmente o crescimento em relação às formulações existentes.

Figura 4: Desenvolvimento de explantes num meio MS sólido

Quadro 1: Composição do meio orgânico mínimo de Murashige (MMOM)

Inorganic salts	mg/L
NH_4NO_3	1,650.00
KNO_3	1,900.00
$CaCl_2$ (anhydrous)	332.20
$MgSO_4$ (anhydrous)	180.70
KH_2PO_4	170.00
Na_2EDTA	37.25
$FeSO_4.7H_2O$	27.80
H_3BO_3	6.20
$MnSO_4$.H2O	16.90
$ZnSO_4$.H2O	5.37
KI	0.83
$Na_2MoO_4.2H_2O$	0.25
$CuSO_4$ (anhydrous)	0.016
$CoCl_2$ (anhydrous)	0.014
Sucrose	30,000.00
i-Inositol	100.00
Thiamine.HCl	0.40

Quadro 2: Listagem de produtos e composição do MS (Murashige e Skoog, 1962) / Meio de transformação (TRM), Meio de indução de calos (CIM), Meio de indução de rebentos (SIM), Meio de alongamento de rebentos (SEM) e Meio de indução de raízes (RIM).

Products	**TRM/MS**	**CIM**	**SIM**	**SEM**	**RIM**
MS powder		4.3g	4.3g	4.3g	
MS Macro Nu.Sol	50µL	-	-	-	50µL
MS Micro Nu.Sol	100µL	-	-	-	100µL
MS Vitamin (1000X)	1mL	1mL	1mL	1mL	1mL
Sucrose	20g	30g	30g	30g	20g
NAA stock (0.5 mg/mL)	-	3.3 mL	-	-	-
2iP stock (1mg/mL)	-	1mL	-	-	-
MES	0.25g	-	-	0.25g	0.25g
Double distilledWater	1 L	1 L	1L	1L	1 L
pH of all the media		pH 5.7			
Phytablend	8 g	8g	8g	8g	8g
Put in bottles and autoclaved at 121°C / 20 min					
Filter sterilizing stocks					
Glutamine (25 mg/mL)	8 mL/L	8 mL/L	8 mL/L	8 mL/L	8 mL/L
L-cysteine (25 mg/mL)	40 µL/L	40 µL/L	40 µL/L	40 µL/L	40 µL/L
Thidiazuron stock			100 µL/L		
Cefotaxime 250		1.2 mL/L	1.2 mL/L	1.2 mL/L	1.2 mL/L
Indole Butric Acid					100 µL/L
Benzylaminopurine (BAP) (1 mg/mL)				50 µL/L	
Hygromycin 25		200 µL/L	200 µL/L	200 µL/L	200 µL/L

As folhas jovens de plantas de choupo cultivadas *in vitro* são cuidadosamente retiradas, sem contaminação, e cortadas em pedaços com as nervuras principais da folha (explante), utilizando uma lâmina esterilizada, e colocadas em petrídeos contendo água esterilizada e mantidas durante 5 minutos, numa estufa de fluxo de ar laminar/capela de exaustão. Em seguida, os explantes são transferidos para papel Whatman esterilizado, para remover o excesso de água, e colocados em petridishes cheios de meio de transformação sólido (TRM, Quadro 2), cobertos com folha de alumínio e incubados em posição invertida à temperatura ambiente, no escuro, durante 48 h. Após 48 horas de incubação, os explantes devem ser transferidos para o meio de indução de calos (CIM, Quadro 2) e incubados durante 14 dias no escuro. Durante a incubação no escuro, o meio deve ser observado frequentemente para detetar qualquer possibilidade de contaminação. Se se verificar a existência de explantes contaminados, esses explantes devem ser removidos e os restantes explantes que crescem na mesma placa de Petri devem ser lavados com água esterilizada e transferidos para outro meio recentemente preparado. Esta lavagem e transferência para um novo meio de cultura deve ser continuada até não se observar qualquer crescimento de micróbios no meio. Em seguida, os discos de folhas são transferidos para o meio de indução de rebentos (SIM, quadro 2) e incubados à luz em condições assépticas. Os discos de folhas que apresentem sinais de contaminação devem ser removidos e os discos de folhas crescidos devem ser lavados e subcultivados no mesmo meio continuamente todas as semanas. Assim que o calo se formar e os rebentos começarem a desenvolver-se a partir dos discos de folhas, os discos devem ser transferidos para o meio de alongamento de rebentos (SEM, quadro 2) contendo benzilaminopurina (BAP) para facilitar o alongamento dos rebentos. Uma vez que os rebentos tenham alongado com sucesso, os rebentos serão cortados com o meio utilizando uma lâmina estéril e transferidos para o meio de indução de raízes (RIM, Quadro 2) e incubados à luz. Alguns rebentos enraizar-se-ão no RIM e outros não. Os rebentos que enraízam com sucesso no meio de cultura têm mais probabilidades de serem transferidos para o ambiente natural.

As plântulas enraizadas dos clones híbridos de choupo devem ser transferidas para um recipiente estéril contendo uma mistura de solo estéril composta por turfa e vermiculite (2:1, em volume) e deve ser adicionada água estéril. Para manter uma humidade elevada e minimizar a dessecação, as plântulas devem ser cobertas com sacos de plástico transparentes. Estes sacos devem ser cuidadosamente transferidos para a câmara de crescimento e deixados a crescer com um fotoperíodo de 16 horas a 24/18°C (dia/noite). Estes valores diferem de planta para planta. O tempo de exposição da planta ao ambiente deve ser aumentado gradualmente todos os dias durante duas semanas. Quando as novas folhas começarem a crescer, as plântulas devem ser deixadas a crescer independentemente nas condições da câmara de crescimento.

Atualmente, os meios de cultura de tecidos vegetais mais utilizados estão disponíveis no mercado sob a forma de pós secos. O método mais simples de preparação de meios consiste em dissolver estes pós contendo nutrientes inorgânicos e orgânicos e uma quantidade adequada de solução-mãe e alguma quantidade de água destilada. Em seguida, os conteúdos têm de ser cuidadosamente misturados em água, adiciona-se açúcar e ágar e outros suplementos orgânicos e, finalmente, o volume é completado até um litro. O pH é ajustado e o meio é autoclavado.

<u>Para preparar 1 L de meio MS</u>

- Transferir o caldo para um balão aceso
- Devem ser preparadas quatro soluções-mãe
  1. sais principais (x20 C)
  2. sais menores (x200 C)
  3. ferro (x200 C)
  4. nutriente orgânico (x200 C)
- Adicionar fonte de carbono
- Aumentar o volume para 1L com água destilada
- Ajustar o pH com um medidor de pH (antes da autoclavagem)
- Adicionar ágar em pó / phylablend (agente solidificante)

> Tudo isto deve ser feito enquanto se agita a solução para a misturar e sob um ligeiro calor
> Verter os meios em garrafas de enchimento e autoclavar (121° C, 15-29 minutos)
> Deixar arrefecer
> As vitaminas e as auxinas podem ser adicionadas após a autoclavagem. As suas soluções são ajustadas ao pH desejado e depois esterilizadas por filtração através de um microfiltro, não por esterilização térmica
> Todas as soluções de reserva são armazenadas em recipientes de plástico ou vidro adequados, a baixa temperatura. As reservas de ferro devem ser armazenadas em frascos coloridos.

Seleção de um novo meio

A escolha de um determinado meio depende principalmente da espécie de planta, do tecido ou órgão a ser cultivado e do objetivo da experiência. Um ponto de partida adequado para a iniciação de calos a partir de explantes de tecidos de dicotiledóneas seria a preparação do meio MS.

Um erro na preparação dos meios pode ser maior do que qualquer outra falha na técnica de cultura de tecidos. É essencial que todas as etapas da preparação e composição dos meios sejam seguidas cuidadosamente. Para minimizar os erros, é vantajoso preparar uma folha de referência com pormenores sobre os constituintes e a sequência de passos a seguir durante a preparação.

4. Técnicas asssépticas em cultura de tecidos

A importância de manter um ambiente estéril durante a cultura de tecidos é evitar a contaminação. Os micróbios, como as bactérias e os fungos, estão omnipresentes no nosso ambiente e, ao entrarem em contacto com os meios de cultura enriquecidos, encontram todas as condições ideais e crescem muito mais rapidamente do que os tecidos cultivados.

4.1 Métodos de esterilização

São utilizadas diferentes técnicas de esterilização para esterilizar o material de vidro, os instrumentos cirúrgicos, os líquidos e o material vegetal utilizado na cultura de tecidos. O método utilizado para esterilizar o material de vidro não pode ser utilizado para esterilizar as plantas.

Calor seco

Esta técnica é utilizada para esterilizar objectos de vidro, instrumentos metálicos e folhas de alumínio. São expostos a ar quente e seco a 160 C-180^{oo} C durante 2-4 horas num forno de ar quente. Todos estes artigos devem ser devidamente selados antes da esterilização. Os objectos que contêm algodão, papel e plástico não podem ser esterilizados por este método. As lâminas cirúrgicas e os bisturis não devem ser esterilizados com calor seco, porque a temperatura elevada danifica as extremidades cortantes.

Calor húmido

Esta técnica utiliza um autoclave que funciona com vapor de água sob pressão. É prática corrente esterilizar tampões de algodão, gaze, tampas de plástico, filtros e pipetas em autoclave a 21° C e 15 lbs/in durante 15-20 min.

Ultra filtração

Alguns componentes do meio são termolábeis e devem ser esterilizados por ultrafiltração à temperatura ambiente. As soluções de substâncias termolábeis, como enzimas e antibióticos, que são adicionadas ao meio de ágar, são primeiro esterilizadas por ultrafiltração utilizando filtros de membrana estéreis com poros minúsculos. A entrada de micróbios através dos microporos é impedida pelo método de filtração.

Em chamas

Os instrumentos feitos de metal, como pinças, bisturis, agulhas e espátulas, são esterilizados por imersão em etanol a 95%, seguida de incineração até ficarem em brasa e arrefecimento no ar.

Esterilização química

A área de trabalho, a base e as paredes da câmara de fluxo laminar e a base da chama que é mantida na área de trabalho são geralmente esterilizadas à superfície com etanol (70% v/v) ou isopropanol (70% v/v). As mãos devem ser lavadas com álcool a 70% ou absoluto. Os álcoois acidificados são considerados mais eficazes como desinfectantes. Quando for necessário utilizar as luvas, deve verificar-se se estão estritamente esterilizadas e os pacotes onde as luvas são trazidas devem ser abertos dentro da câmara de fluxo laminar. De cada vez que o utilizador retira as mãos da câmara de fluxo laminar, deve ser necessário lavar as mãos com álcool antes de recomeçar e manusear qualquer coisa na área de trabalho. É aconselhável ligar a lâmpada UV dentro da área de trabalho do exaustor durante 8-10 horas antes de utilizar o exaustor laminar.

Esterilização de meios nutritivos

Os meios nutritivos nas culturas de tecidos são normalmente esterilizados por autoclavagem ou esterilização por filtração. Os macro e micro nutrientes, a água destilada e outras misturas estáveis são esterilizados em autoclave. As substâncias de crescimento que são termolábeis (zeatina, ácido gibberélico, ácido abscísico, ureia e certas vitaminas) são esterilizadas por filtração por membrana (tamanho de poro de 0,22 a 0,45 p). A maior parte dos filtros são feitos de acetato de celulose ou nitrato de celulose e estão disponíveis como unidades individuais autoclaváveis ou em unidades descartáveis pré-esterilizadas. A ultrafiltração é efectuada sob pressão reduzida, ligada a dessecadores de vácuo, com um frasco de segurança ligado entre eles.

4.2 Esterilização de ex vegetais e materiais vegetais

É de esperar que o material trazido do campo esteja contaminado com poeiras e uma variedade de microrganismos. Estes são imediatamente mergulhados em parafina líquida ou numa solução de NaOCl. Sugere-se a recolha de materiais frescos durante a manhã, enquanto as plantas ainda estão túrgidas.

A esterilização superficial do material vegetal deve ser efectuada passo a passo. O material vegetal é mantido sob água corrente da torneira. Em seguida, a superfície dos materiais vegetais é esfregada com etanol a 70-90%. Adicionam-se algumas gotas de um detergente como Tween 20 ou Tween 80 ou Teepol como surfactante para remover o revestimento ceroso. Isto promoverá a humidificação do material. Os agentes esterilizantes habitualmente utilizados são o hipocloreto de cálcio, o hipocloreto de sódio, o cloreto de mercúrio (solução a 0,1-1% durante 2-10 minutos), o peróxido de hidrogénio (solução a 10-12% durante 5-15 minutos), o nitrato de prata (solução a 1% durante 5-10 minutos), a água de bromo (solução a 1-2% durante 30 minutos) e o álcool etílico (70%-90%).

Figura 5: Manuseamento de tecidos num ambiente de trabalho estéril criado por uma câmara de fluxo de ar laminar

5. Métodos de cultura de tecidos

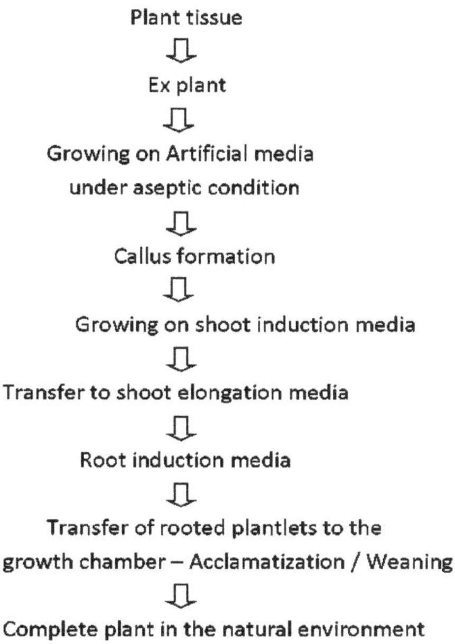

Figura 6: Fluxograma que resume as etapas da cultura de tecidos

5.1 Micropropagação

A micropropagação é um processo de multiplicação de material vegetal de reserva para produzir um grande número de plantas descendentes, utilizando técnicas avançadas de cultura de tecidos. A micropropagação é utilizada para multiplicar plantas que foram geneticamente modificadas ou cultivadas através do sistema convencional de reprodução de plantas. Este método fornece um número suficiente de plântulas para plantação a partir de uma planta-mãe que não produz sementes ou que não responde positivamente à reprodução vegetativa. A micropropagação e as técnicas básicas de cultura de tecidos vegetais foram descobertas e desenvolvidas no final dos anos 50 e início dos anos 60 por um botânico chamado Frederick Campion Steward.

A cultura de tecidos é a técnica de cultura asséptica in vitro de células, tecidos, órgãos ou plantas inteiras em condições ambientais e nutricionais controladas para produzir clones de plantas. Os clones produzidos por cultura de tecidos são fiéis ao tipo do genótipo selecionado. Devem ser proporcionadas condições ambientais adequadas para o seu crescimento e multiplicação. As condições adequadas de crescimento da cultura são o fornecimento correto de nutrientes, o pH do meio, a temperatura adequada e um ambiente gasoso e líquido apropriado.

A tecnologia da cultura de tecidos de plantas está a ser amplamente utilizada para a multiplicação e o melhoramento de plantas em grande escala. As técnicas de cultura de tecidos de plantas são amplamente utilizadas como instrumento de investigação científica. Para além da utilização como instrumento de investigação, a cultura de tecidos ganhou maior atração e importância na indústria em grande escala. Ex: Propagação de plantas, eliminação de doenças, melhoramento de plantas e produção de metabolitos secundários.

Fase de micropropagação

Estabelecimento

A técnica de micropropagação começa com a seleção do material vegetal inicial a ser propagado. Os tecidos vegetais são retirados de uma planta intacta em condições estéreis. Uma planta não infecciosa e sem micróbios cultivada in vitro seria a escolha ideal para a propagação. A segunda opção é selecionar uma planta saudável e cortar a parte da planta de interesse e depois esterilizá-la completamente utilizando diferentes técnicas de esterilização, sem causar quaisquer efeitos adversos à parte da planta selecionada. Materiais de reserva limpos e isentos de micróbios são importantes para a produção de plantas mais saudáveis. Uma vez escolhido o material vegetal para cultura, inicia-se a recolha de explantes, que depende do tipo de tecido a utilizar, incluindo discos de folhas, ápices de rebentos, pontas de caules, anteras, pétalas, pólen e outros tecidos vegetais. O material dos explantes deve ser cuidadosamente manuseado durante a esterilização da superfície, geralmente em várias passagens de lixívia não concentrada e lavagens com álcool durante um período muito curto, e finalmente enxaguado em água destilada estéril. Esta pequena porção de tecido vegetal isento de micróbios (em casos especiais, uma única célula) é colocada no meio de cultura recém-preparado com nutrientes.

O tecido vegetal cresce e diferencia-se em novos tecidos consoante o meio. Por exemplo, os meios que contêm mais auxinas são utilizados para criar raízes a partir das plantas com rebentos e os meios que contêm mais citocininas são utilizados para desenvolver rebentos a partir dos botões desenvolvidos.

Multiplicação

A multiplicação é o aumento do número de amostras de tecido produzidas na primeira fase. Quando a introdução e a multiplicação do tecido vegetal são bem sucedidas, a fase seguinte é o estabelecimento. Através de ciclos repetidos deste processo, um único explante pode produzir de uma a centenas e milhares de plântulas. A multiplicação de um tecido depende de múltiplos factores, como o método utilizado, a composição do meio e as condições de crescimento.

Pré-transplante

As plântulas crescidas são transferidas para o solo a partir de meios de cultura de plantas. Este processo é efectuado para a aclimatação das plântulas ao solo, uma vez que foram previamente cultivadas em meios de cultura de plantas. Os especialistas em cultura de tecidos preferem transferir as plântulas primeiro para a estufa e deixá-las crescer. Depois de crescerem durante alguns dias na estufa sob um ambiente de controlo limitado, as plântulas são transferidas para o solo ou para o campo. Esta fase envolve o tratamento dos rebentos produzidos pelas plântulas para incentivar o desenvolvimento da raiz e o seu endurecimento é efectuado in vitro ou num ambiente estéril de caixa de majenta. O endurecimento das raízes significa a preparação das plantas para o ambiente de crescimento natural. Até esta fase, as plântulas são cultivadas em condições ideais, concebidas para favorecer um crescimento rápido. Devido à natureza controlada da sua maturação, as plântulas muitas vezes não têm coberturas dérmicas funcionais totalmente desenvolvidas. Isto torna-as muito susceptíveis a doenças e a mudanças ambientais súbitas e ineficientes na utilização da água e da energia. As condições in vitro são de elevada humidade, e as plantas cultivadas nestas condições não formam frequentemente uma cutícula e estomas funcionais que impeçam a planta de secar. Quando retiradas da cultura, as plântulas precisam de tempo para se adaptarem a condições ambientais mais naturais, modificando as suas caraterísticas estruturais e funcionais. O endurecimento envolve o desmame lento das plântulas de uma condição ambiental de alta humidade, pouca luz e calor.

Transferência da cultura para o terreno

Na fase final da micropropagação de plantas, as plântulas crescidas são removidas do meio de cultura e transferidas para o solo ou composto para vasos para continuarem a crescer por métodos convencionais. Esta fase é frequentemente combinada com a fase de pré-transplante.

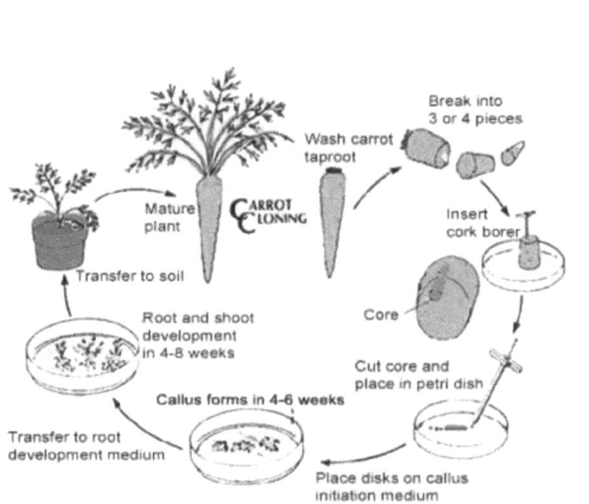

Figura 7: Diagrama de fluxo de cultura de tecidos (imagem do Google)

5.1.1 Etapas básicas importantes da cultura de tecidos de plantas

A micropropagação começa com a seleção de tecidos vegetais de uma planta-mãe saudável e vigorosa. Os tecidos selecionados são designados por explantes. Qualquer parte da planta pode ser utilizada como explante para a cultura de tecidos. Ex: disco foliar, meristema apical, gema do ápice do rebento e ápice da raiz. Todo o processo de cultura de tecidos pode ser explicado numa série de passos.

ETAPA 1 - PREPARAÇÃO DA UNIDADE EX

Qualquer tecido vegetal vivo e saudável pode ser utilizado *in vitro.* Para aumentar a probabilidade de sucesso, se a planta-mãe for uma planta cultivada *ex vitro* em condições estéreis óptimas, a probabilidade de contaminação será mínima na cultura *in vitro* e conduzirá ao sucesso da cultura de tecidos.

Figura 8: Alongamento de rebentos a partir de calos

ETAPA 2: FASE INICIAL / ESTERILIZAÇÃO

Se não for escolhida uma planta cultivada *ex vitro* como explante, os explantes devem ser esterilizados eficazmente à superfície sem que qualquer parte dos tecidos seja alterada (sem perder a sua capacidade de regeneração). Geralmente, é utilizada uma mistura de produtos bactericidas e fungicidas. A seleção dos produtos depende do tipo de explante a ser introduzido. A esterilização da superfície do explante em soluções químicas é um passo importante para remover Todos os contaminantes dos explantes devem ser removidos com o mínimo de danos aos tecidos da planta. Os desinfectantes mais utilizados são o hipoclorito de sódio, o hipoclorito de cálcio, o etanol e o cloreto de mercúrio (HgCb). Todo o material utilizado na experiência deve ser esterilizado.

ETAPA 3: PREPARAÇÃO DO MEIO E TRANSFERÊNCIA DO EXPLANTE

É necessário preparar um meio de cultura adequado (ver meios de cultura), esterilizar, arrefecer e deixar solidificar. O(s) explante(s) deve(m) ser cuidadosamente transferido(s) para o meio de cultura em condições estéreis (câmara de fluxo laminar). Em seguida, as culturas são incubadas numa câmara de crescimento em condições de luz ou escuridão, com a temperatura e a intensidade luminosa adequadas, de acordo com o método de propagação.

ETAPA 4: FORMAÇÃO / MULTIPLICAÇÃO DE CALOS

A partir dos explantes, formar-se-á uma massa de células indiferenciadas após um período de incubação. Nesta altura, não haverá diferenciação de rebentos e raízes. O objetivo desta fase é aumentar o número de propágulos. O número de propágulos é multiplicado por subculturas repetidas até se atingir o número desejado (ou planeado) de plantas.

PASSO 5: DESENVOLVIMENTO DA FOTOGRAFIA

Quando o calo é cultivado diretamente ou excisado em pedaços num meio de indução de rebentos, numa determinada fase de desenvolvimento, é visível a emergência de rebentos a partir do calo.

PASSO 6: DESENVOLVIMENTO DAS RAÍZES

Quando o calo germinado é transferido para um meio de indução de raízes e deixado crescer, as raízes começarão a crescer e a desenvolver-se mais no meio, numa determinada fase de desenvolvimento. A fase de enraizamento pode ocorrer simultaneamente no mesmo meio de cultura utilizado para a multiplicação dos explantes. No entanto, nalguns casos, é necessário alterar os meios de cultura, para incluir novas modificações nutricionais e uma composição de reguladores de crescimento que induzam o enraizamento e o desenvolvimento de um forte crescimento radicular.

ETAPA 7: ACLIMATAÇÃO

Nesta fase, as plantas *in vitro* são desmamadas e endurecidas. O endurecimento é feito gradualmente, passando de uma humidade elevada para uma humidade reduzida e de uma intensidade luminosa reduzida para uma intensidade luminosa elevada. As plantas são então transferidas para um substrato adequado (areia, turfa, composto, etc.) e endurecidas gradualmente em estufa.

5.1.2 Métodos de micropropagação Crescimento in vitro

Se o processo biológico das plantas tem lugar fora de um organismo vivo, é designado por crescimento in vitro. Ex: Cultivo de ex-plantas em tubo de ensaio, placa de cultura ou noutro local.

5.2 Cultura de calos

O calo é uma massa de células parenquimatosas não especializada, não organizada, em crescimento e em divisão. É produzido quando os explantes são cultivados num meio sólido apropriado. O crescimento do calo pode ser controlado pelo fornecimento endógeno de reguladores de crescimento, como a auxina e a citocinina, no meio de cultura. A auxina artificial modificada 2,4-D é a mais comummente utilizada. O calo é desenvolvido naturalmente na planta como resultado de uma ferida. Este calo pode ser deixado a desenvolver-se ou pode ser dividido. As culturas de calos podem ser compactas ou friáveis. O calo compacto apresenta células densamente agregadas. O calo friável apresenta células frouxamente associadas e o calo transforma-se e parte-se facilmente.

Há três fases de cultura de calos
1. indução
2. fase proliferativa
3. fase de morfogénese
4. Formação de calos
5. Multiplicação de calos
6. Diferenciação e regeneração de plantas

1. Indução

Uma cultura de células de calo é geralmente sustentada num meio de gel. A combinação de ágar e uma mistura de macronutrientes e micronutrientes é incluída no meio de indução de calos para um determinado tipo de célula. Durante esta fase, o metabolismo é ativado à medida que as células se preparam para a divisão celular. O estado fisiológico dos explantes, as células do tecido tomado como explante e as condições de cultura determinam a duração da fase de indução.

2. Fase proliferativa

Esta é a fase de divisão celular ativa em que as células dos explantes voltam a um estado merismático, devido à rápida divisão celular.

3. Fase de morfogénese

Esta fase envolve a diferenciação celular e a produção de produtos secundários. Estruturas organizadas acelerariam a regeneração da planta a partir das células somáticas. O tecido do calo prolifera como uma massa amofórica de células que não têm forma regular. Por isso, é difícil elaborar a sua morfologia externa. No entanto, o calo pode ser diferenciado com base noutras caraterísticas, como a textura, a coloração, as necessidades hormonais para o crescimento e o desenvolvimento posterior. Nesta base, mesmo o tecido do calo iniciado a partir de explantes da mesma espécie de plantas pode apresentar variações consideráveis.

A textura do tecido do calo pode ser dividida em duas categorias. A primeira é o calo mole que é friável na natureza e é heterogéneo. Aqui, a massa de células tem um contacto mínimo. O calo duro é outro tipo de textura que consiste em células gigantes, células como traqueia e células muito compactadas. O calo duro pode assumir formas nodulares.

4. Formação de calos

O calo é definido como uma massa de tecido não organizada que cresce num substrato sólido. A produção de calo é considerada como meio sucesso nos procedimentos de cultura de tecidos.
Os explantes de várias partes de plantas grandes e intactas podem ser utilizados para

produzir calos. Os explantes mais bem sucedidos são os tecidos jovens de um ou alguns tipos de células de plantas. As células da medula do caule jovem são geralmente uma boa fonte de material de explante. Inicialmente, o número de células aumenta no calo e, nesta fase do calo, seria impossível distinguir as partes da planta. No entanto, numa fase posterior do desenvolvimento, a diferenciação aparece na massa de tecido e o rebento e as raízes começam a desenvolver-se a partir do calo.

5. **Multiplicação de calos**

O desenvolvimento ativo dos calos pode ser iniciado nos meios de cultura com a ajuda de um equilíbrio fisiológico obtido através de concentrações variáveis de fito-hormonas como a citocinina e a auxina. Depois disso, a biomassa do calo começará a aumentar 2 a 4 vezes (2-4 semanas de crescimento). Os calos podem ser cortados em pedaços com uma agulha estéril em condições estéreis e colocados no meio fresco. Isto aumentaria ainda mais a multiplicação e pode ser repetido várias vezes.

6. **Diferenciação e regeneração de plantas**.

É possível fazer com que calos múltiplos formem rebentos aumentando a concentração de citocinina e reduzindo a concentração de auxina nos meios de cultura. As massas de rebentos podem ser cortadas e transferidas para o meio de indução de raízes mas, uma vez enraizadas, as plantas regeneradas têm de ser aclimatadas em ambiente natural em vez de em condições de crescimento in vitro.

5.3 Cultura em suspensão

Quando consideramos as culturas em suspensão, estas são suspensões de todas as células vegetais individuais e pequenos blocos de células que são cultivados no meio líquido. Além disso, as culturas em suspensão são constituídas pela transferência de pequenos pedaços de calo do meio líquido que é subsequentemente colocado num agitador giratório. Em poucos dias, as células vegetais individuais e os microcálculos devem ser separados do inóculo original e cultivados no meio nutritivo sob agitação. Além disso, as culturas em suspensão são amplamente utilizadas numa série de procedimentos biotecnológicos, como inóculos para reactores biológicos de plantas. Os produtos vegetais valiosos podem ser extraídos de bioreactores durante o crescimento de células vegetais como suspensões celulares. Quando as culturas em suspensão são tratadas com enzimas que degradam as paredes celulares, o resultado são os protoplastos.

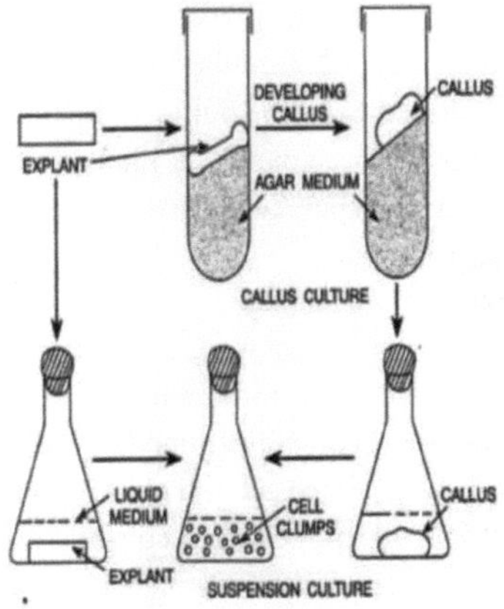

Figura 9: Descrição das etapas envolvidas na cultura em suspensão

5.4 Cultura de embriões

Muitas espécies de sementes de plantas apresentam dormência ortodoxa, que é a inibição da germinação pela presença de certas hormonas vegetais nos tecidos que envolvem o embrião dentro da semente. Exemplos de plantas para esta cultura são as maçãs, as pêras, os pêssegos, os cedros, as cicutas, os pinheiros, os bordos e as rosas. A dormência das sementes pode ser um problema inevitável para os produtores. Por conseguinte, foram envidados esforços consideráveis para ultrapassar o problema da dormência.
Quando cultivamos embriões em cultura, eliminamos o pericarpo e a testa através de um percurso curvo dos embriões. O método aqui descrito tem sido utilizado com sucesso para germinar embriões de diversas espécies.

Etapas da cultura de embriões

1. Remoção do embrião da semente

Na primeira etapa, a testa do embrião é removida e depois colocada numa solução de peróxido de hidrogénio a 0,1% com um pouco de surfactante adicionado.

2. Enxaguar com uma solução de peróxido de hidrogénio (0,05%)

Quando passamos a esta fase, em primeiro lugar temos de colocar o embrião numa toalha de papel humedecida com peróxido de hidrogénio a 0,05% e guardada em sacos de polietileno. Os sacos devem ser pendurados numa lâmpada fluorescente.

Depois disso, é preciso esperar duas semanas e envasar a plântula.

3. Cultura de embriões

As plantas precisam de dióxido de carbono, oxigénio, água e certos nutrientes minerais para produzir os açúcares e outras substâncias necessárias ao seu crescimento. Geralmente, são capazes de extrair estas substâncias do seu ambiente, absorvendo água e nutrientes através das raízes e captando dióxido de carbono e oxigénio do ar através das suas superfícies foliares. Além disso, as pessoas desejam que as partes da planta supram essas necessidades.

Na cultura de embriões, recorremos frequentemente ao cultivo de embriões em meios artificiais, utilizando técnicas laboratoriais avançadas. Estas técnicas podem ser utilizadas para salvar embriões que normalmente não evoluiriam devido a incompatibilidades ou defeitos genéticos. Nestas situações, os embriões apresentam um crescimento imaturo. Esta condição pode ser ultrapassada através da preparação de meios de cultura com uma fonte de carbono suficiente. Os embriões amadurecidos em sementes são retirados de frutos maduros ou de ancas. Nesta altura, não necessitam de quaisquer nutrientes suplementares ou fontes de carbono, porque acumularam uma reserva destas substâncias no seu endosperma. Por conseguinte, a cultura de embriões maduros requer um ambiente livre de micróbios durante muito tempo para permitir o seu crescimento.

Ferramentas utilizadas para a cultura de embriões

1. Técnica de extração

Basta dividir a semente ao meio ao longo da sutura, que é uma das formas naturais de abertura das sementes quando germinam. Por vezes, é possível fazer isto com as sementes de tamanho pequeno, utilizando uma tesoura grande. Além disso, a sutura é colocada entre as lâminas da tesoura e aplica-se uma ligeira pressão até que a sutura se abra. A divisão de uma semente ao longo da sua sutura é mais fácil com a utilização de uma engenhoca porque nos permite aplicar uma pressão exacta sobre a sutura. Com a ajuda da engenhoca, as sementes abrem-se ocasionalmente com um pequeno esforço suplementar necessário para eliminar os embriões.

2. Extração do embrião

Aqui, os embriões são colocados lentamente na taça esterilizada com a solução. A taça é agitada de vez em quando para garantir que os embriões são completamente molhados pela solução e para mergulhar o embrião na solução. Depois disso, deixa-se os embriões permanecerem na solução durante 15-20 minutos.

3. Cultura dos embriões

A espátula deve ser utilizada para retirar os embriões que se encontram na taça esterilizada. Podemos inclinar a taça e tocar na colher para permitir que a solução contida na colher escorra de volta para a taça enquanto o embrião cresce continuamente.

4. Incubação

Juntar os sacos de incubação que contêm o nosso embrião e colá-los com fita-cola. Em seguida, a fita é colocada horizontalmente no topo do saco superior. A fita adesiva é colocada em não mais de seis sacos de incubação juntos - a fita adesiva garante que os embriões ficam suspensos suficientemente perto da lâmpada para obterem iluminação suficiente para a germinação.

O embrião quer luz para germinar e, há um passo na biossíntese da clorofila que exige luz. Quando os embriões se transformam em plântulas, estas darão início ao processo de fotossíntese utilizando o dióxido de carbono que se difunde para o saco a partir da atmosfera.

5. Mudas

Todo o embrião não dá origem a uma plântula viável. Se a radícula de um embrião tiver sido danificada, a plântula pode germinar sem produzir uma raiz ou a raiz pode ficar inacabada e pode ocorrer uma boa germinação. A radícula pode desenvolver-se um pouco e os cotilédones podem desenvolver-se e tornar-se mesmo verdes ou parcialmente verdes. Embora o embrião permaneça vivo, parou de crescer, enquanto outras plântulas da mesma fonte se desenvolvem normalmente e prosperam. As raízes das plântulas podem secar muito rapidamente quando as eliminamos para envasamento ou transferência. Assim, as plântulas podem ser transferidas diretamente do saco de incubação para a terra ou para novos sacos, sem qualquer demora. Quando muitas plântulas são processadas num determinado momento, podemos reuni-las numa tigela cheia de água fria ou limpa e, mais tarde, elas podem ser transferidas para o meio do solo.

Alguns factores que afectam a cultura de embriões

1. Genótipo
2. Estado de crescimento da planta-mãe
3. Composição do meio nutritivo
4. Cultura de embriões e suspensor
5. Luz
6. Temperatura

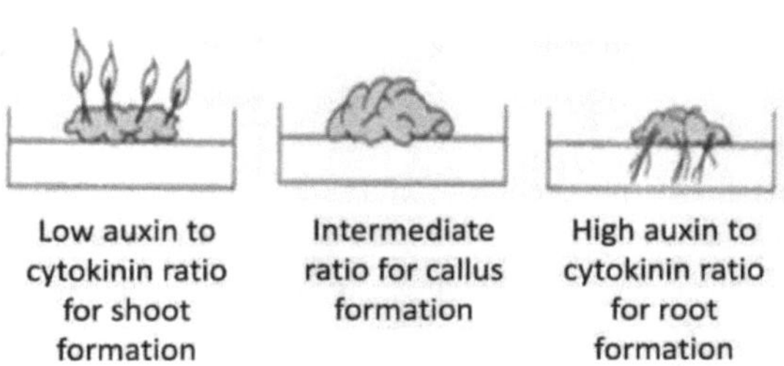

Figura 10: Diferentes fases do desenvolvimento do calo

5.5 Cultura de anteras

A cultura de anteras é o procedimento que consiste em utilizar anteras para cultivar plântulas haplóides. Esta técnica foi descoberta por Guha e Maheshwari no ano de 1964. Esta técnica pode ser utilizada para mais de 200 espécies, incluindo o tomate, o arroz, o tabaco, a cevada e o gerânio.

Os métodos de produção de plantas haplóides são:

- Esta é uma das técnicas muito simples
- Em algumas espécies, é fácil induzir a divisão celular nas células imaturas do pólen.
- Uma proporção maioritária das anteras utilizadas na cultura responde
- Os haploides podem ser produzidos em grandes quantidades em períodos muito curtos

A cultura de anteras é uma técnica que consiste em excisar as anteras, numa fase precisa e crítica, de um botão de flor não aberto e cultivá-las num meio nutritivo em que os micrósporos presentes na antera cultivada se transformam em tecido de calo ou em embrióides que se transformam em plântulas haplóides através de organogénese ou embriogénese. A intenção da cultura de antera e de pólen é produzir plantas haplóides através da indução de embriogénese a partir de divisões proliferadas de esporos monoplóides, quer micrósporos quer grãos de pólen imaturos. O micrósporo é definido como a fase inicial da geração do gametófito masculino. Os micrósporos maduros, especialmente após a sua libertação, são designados por grãos de pólen. Tulecke observou pela primeira vez que os grãos de pólen maduros da gimnospérmica gingko biloba podiam ser instados a formar um calo haploide após cultura num meio competente.

A resposta de crescimento dos grãos de pólen, em anteras maduras, foi de três tipos e reflectiu a natureza do meio. Apesar de os grãos de pólen não responderem à presença de IAA, o estádio particular de desenvolvimento das anteras no momento da cultura é o fator mais importante para alcançar o resultado esperado na produção de embrióides. São utilizados dois métodos básicos. No primeiro método, as anteras excisadas são cultivadas num meio de ágar ou líquido, e a embriogénese aparece dentro da antera. No segundo método, o pólen é eliminado da antera por meios mecânicos ou por deiscência natural da antera, e o pólen isolado é cultivado num meio líquido. As plântulas haplóides emergem das anteras cultivadas e demoram cerca de 3-8 semanas.

Durante o início do período de floração da planta, as anteras devem ser retiradas das flores. Muitos tipos diferentes de pré-tratamento de anteras foram encontrados para enriquecer a produção de embriões. O pré-tratamento das anteras a uma temperatura mínima de 2-30 dias a uma temperatura de 3-10° C pode induzir a embriogénese. Aqui, o atual aparecimento de tecido de antera na cultura introduz vários factores mal definidos que influenciam a produção de embrióides. No entanto, é muito importante verificar ou determinar o número de cromossomas das plântulas recém-formadas, porque pode haver uma variação considerável nos níveis de ploidia, dependendo dos eventos de desenvolvimento que conduziram à formação de embrióides. As plantas heterozigóticas diplóides podem desenvolver-se a partir do tecido da antera ou do crescimento das células-mãe dos micrósporos e dos micrósporos não reduzidos.

Preparação de meios de cultura de anteras

As plantas, como *a Nicotina tabacum* e *o Hyoscyamus niger*, podem ser cultivadas num meio de cultura simples, contendo minerais e sacarose. No entanto, outras espécies requerem a adição de suplementos orgânicos e de hormonas vegetais. A adição de auxina ao meio de cultura induz a formação de calos. O meio recomendado para a cultura de anteras é a mistura MS suplementada com 2% de sacarose. O meio de cultura pode ser reforçado com ágar, se for expetável.

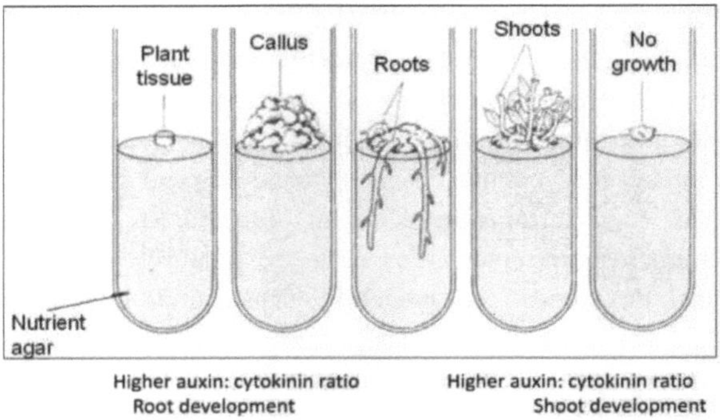

Figura 11: Diferentes proporções de auxina e citocinina na regeneração e desenvolvimento das plantas

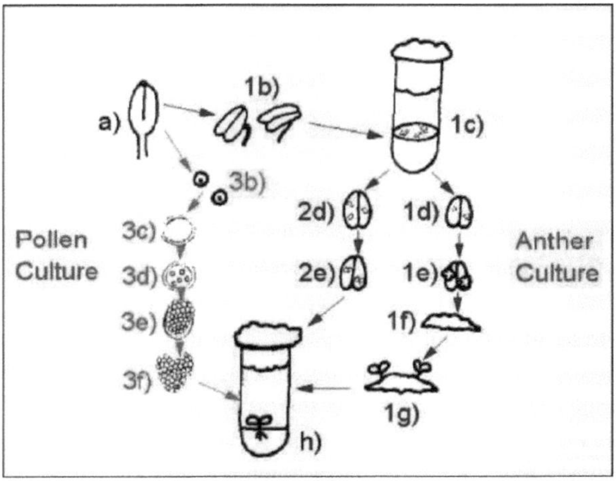

Figura 12: Várias fases da cultura da antera e do pólen

a. um botão de flor por abrir
lb. Anteras
lc. As anteras em cultura

ld. e le. Antera em proliferação
lf. Calo haploide
lg. Diferenciação do calo
h. Plântula haploide.
Cultura de pólen isolado
a. um botão de flor por abrir
3b. Pólen isolado de uma antera em cultura
3c. Cultura de pólen
3d. Pólen multinucleado
3e. e
3f. Embrião de pólen

5.6 Cultura de células individuais

O estabelecimento de culturas unicelulares constitui uma excelente oportunidade para examinar as células vegetais através das suas propriedades e potencialidades. Vários relatórios referem o sucesso espetacular na obtenção de divisões celulares separadas e mesmo de plantas completas a partir de culturas unicelulares. Os biotecnólogos estão a tentar aplicar as culturas de células sobre um órgão intacto ou culturas de plantas inteiras para sintetizar os produtos naturais.

Isolamento de células individuais

O material mais competente para o isolamento de células individuais é o tecido foliar, uma vez que uma população de células mais ou menos homogénea nas folhas oferece bons candidatos para a criação de culturas de células definidas e reguladas em grande escala. O método mecânico de isolamento de células individuais foi utilizado com êxito para isolar células do mesofilo, ativar a fotossíntese e a respiração, a partir de folhas maduras de várias espécies de dicotiledóneas e monocotiledóneas, incluindo as gramíneas. Apesar de as células individuais metabolicamente activas da bainha do feixe da erva-caranguejeira poderem ser puramente separadas utilizando o mesmo procedimento que envolve a maceração suave de 10 g de folhas em 40 ml do meio de trituração com um almofariz e pilão. O homogenato é transferido através de duas camadas de tecido de musselina e as células assim libertadas são lavadas por centrifugação a baixa velocidade utilizando o mesmo meio. O isolamento de células isoladas através do método enzimático foi considerado conveniente, uma vez que é possível obter grandes produções a partir da preparação do parênquima esponjoso com o mínimo de danos para as células. Isto pode ser obtido através da emissão de defesa osmótica para as células, enquanto a enzima macerozima reduz a lamela média e a parede celular do tecido parenquimatoso.

5.7 Cultura da ponta do rebento e do meristema

As técnicas de cultura de células vegetais são utilizadas na geração de novas plantas inteiras. Isto é feito através do incentivo ao desenvolvimento de meristemas de rebentos, organogénese em calos em proliferação e a partir de células individuais sob a influência de diversos fito-hormonas e factores nutricionais em cultura. O termo cultura de rebentos também pode ser designado como cultura de meristema, cultura de ponta de meristema, mericultura e cultura de ponta de rebento, cultura de ápices de rebento, cultura de mericlone, etc., A designação depende do tamanho dos explantes que vamos utilizar. Geralmente, o meristema apical tem uma forma de cúpula e menos de 1 mm de comprimento.

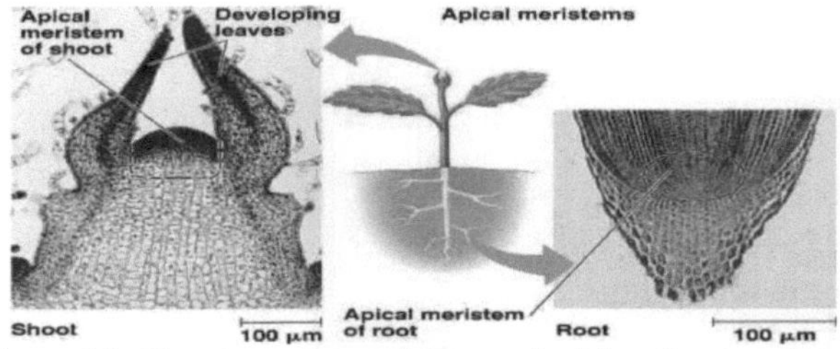

Figura 13 : Estruturas do meristema apical do rebento e da raiz

Nas culturas de pontas de rebentos em horticultura e fitopatologia, utiliza-se normalmente uma secção de pontas de caule com um comprimento de 5-10 mm. O meristema apical é uma região do ápice do rebento que se situa distalmente ao primórdio foliar mais jovem, uma vez que o ápice do rebento se refere ao meristema apical e a algumas partes subjacentes dos primórdios foliares.

As técnicas de cultura de meristemas estão a fomentar energicamente um pequeno comprimento de pontas de rebentos de plantas que crescem no campo ou em estufa, ou invitro, são excisadas e cuidadosamente lavadas, exceto as de cultura estéril, e as escamas sobrepostas e os primórdios foliares visíveis são eliminados por um bisturi estéril e mergulhados em etanol a 75% durante alguns segundos. Em seguida, estes explantes são afogados numa solução diluída de hipocloreto de cálcio ou de sódio durante 10-20 minutos. Após o processo de esterilização e lavagem da superfície, a cúpula apical com um ou dois primórdios foliares (0,2-0,5 mm) é isolada ao microscópio de dissecação numa gota de meio infrutífero, sob a câmara de fluxo de ar da lâmina. Os explantes são isolados num meio agarificado de murashige-skoog com adição de hormonas como a citocinina e a auxina. A alteração das concentrações das fito-hormonas, no momento oportuno, permitiria aumentar a produção de raízes, de rebentos ou de ambos. Na realidade, estamos a jogar com as concentrações destas hormonas para produzir e alongar rebentos ou raízes. O pH do meio é geralmente fixado em 5,5-5,8 antes de autoclavar o meio.

Uma vez formado o calo quando os explantes estão a crescer no meio de indução de calos, o calo deve ser cuidadosamente transferido para o meio de indução de rebentos em condições estéreis. Quando se observa o aparecimento de rebentos, estes têm de ser mantidos no mesmo meio ou transferidos para outro meio de indução de rebentos (fresco) para um maior desenvolvimento dos rebentos. Se for observado um crescimento satisfatório do rebento no meio de indução de rebentos, então o calo (com rebentos) deve ser cuidadosamente transferido para o meio de alongamento de rebentos. Quando os rebentos estiverem suficientemente alongados, as pequenas plantas devem ser transferidas para um meio de indução de raízes. O desenvolvimento de raízes a partir do rebento ou calo é um processo crítico. Se encontrarmos raízes em desenvolvimento a partir da base do rebento, isso é considerado como um bom sinal para um crescimento saudável. O ambiente de crescimento precisa de ser mudado pouco a pouco para que o rebento se possa adaptar gradualmente ao novo ambiente e isto é feito antes da plantação final do rebento no solo em vaso ou no campo. Os órgãos axiais contêm o meristema apical que tem uma cúpula meristemática e alguns primórdios foliares.

Em muitas plantas, existe um gradiente de existência de vírus, pelo menos no meristema apical. É por isso que se cultivam pontas de rebentos de vários comprimentos, de 0,1 a 2 mm, para ver se são capazes de produzir plântulas sem vírus. Quanto maior for a ponta, maior é a concentração de partículas de vírus. Normalmente, as células da cúpula apical estão isentas de vírus, mas a cultura de pontas de rebentos de maiores dimensões (mais de 1 mm) pode não garantir que as plântulas regeneradas estejam isentas de vírus e de outros agentes patogénicos. A técnica de cultura do ápice do rebento foi alargada e aplicada em práticas hortícolas e agrícolas em grande escala. As plântulas cultivadas em cultura de tecidos têm maior valor económico e estão isentas de vírus. A sequência de desenvolvimento das plântulas pode ser por organogénese direta ou por regeneração através de calos.

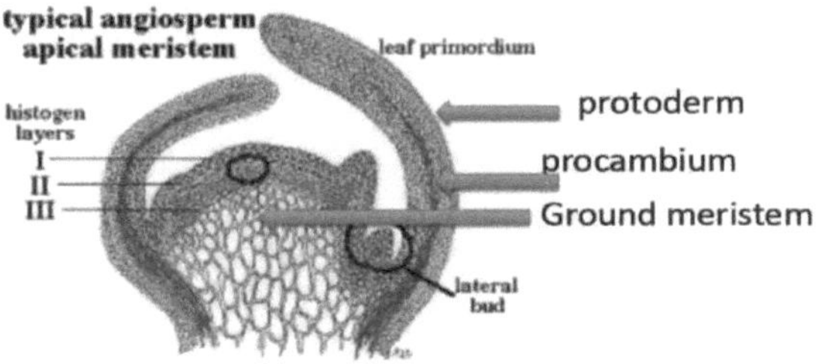

Figura 14: O meristema apical do rebento dá origem a três meristemas primários nas folhas e caules

Não é realmente difícil obter plantas a partir de ápices de plântulas cultivadas, mas a parte mais difícil é produzir plantas a partir do ápice adulto completamente amadurecido. É geralmente encorajada a utilização de tecidos jovens como explantes. Os tecidos jovens têm uma resistência relativamente maior a agentes patogénicos, vírus e outras tensões relacionadas com o crescimento, quando comparados com tecidos mais velhos. As taxas de crescimento e metabólicas são também mais elevadas nos tecidos jovens.

A cultura da ponta do caule é adoptada para duas plantas, como *Dianthus* e *Xanthium*, com a expetativa de manter o estado de indexação do vírus do stock durante um período de tempo considerável. Este método do ápice do rebento é recomendado para produzir plantas isentas de vírus de *Freesia* e *Gladiolus*, que são dois nomes de géneros diferentes de plantas com flores perenes e lírios.

A família Orchidaceae é uma família diversificada e generalizada de plantas com flores, com flores coloridas. Muitos destes membros da família das orquídeas podem ser multiplicados através da cultura de órgãos utilizando pontas de folhas, meristemas apicais de rebentos, pontas de raízes e botões de flores. A cultura de explantes de eixos de inflorescência de gladíolo num meio com concentrações de NAA mais elevadas do que o normal dá origem a aglomerados de calos.

5.8 Embriogénese somática

A embriogénese somática é o processo em que uma única célula ou um grupo de células inicia a via de desenvolvimento que conduz à regeneração reprodutível de embriões não zigóticos capazes de germinar para formar plantas completas. Em condições naturais, esta via não é normalmente utilizada, mas a partir do conhecimento da cultura de tecidos, a embriogénese é praticada com mais frequência. Os embriões formados em culturas têm sido designados de várias formas, tais como embriões acessórios, embriões adventivos, embrióides e embriões supranumerários.

Figura 15: Embrião somático

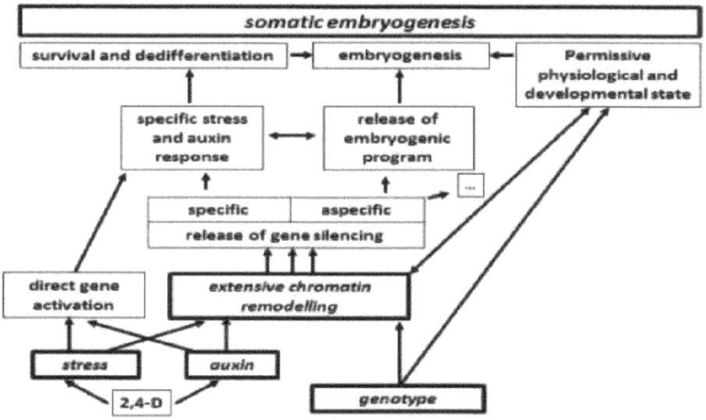

Figura 16 : Aspeto molecular da embriogénese somática

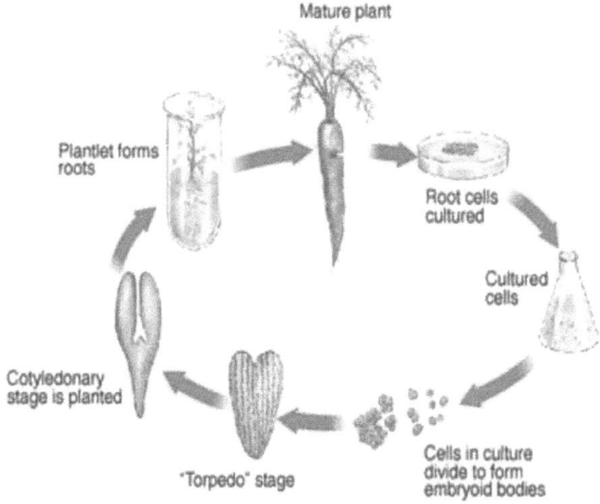

Figura 17: Passos para a cultura de um embrião de cenoura

A classificação do embrião

1. Embriões zigóticos - São formados por um óvulo fertilizado ou zigoto
2. Embriões não zigóticos - São formados por outras células que não o zigoto
3. Embriões somáticos - São formados por células saprófitas (exceto o zigoto) in vitro ou in vivo. Estes embriões somáticos surgem diretamente de outros embriões ou órgãos
4. Embriões partenogenéticos - São formados por um óvulo não fertilizado
5. Embriões androgénicos - São formados pelo gametófito masculino (grãos de pólen micrósporos)

Nas culturas de dicotiledóneas, as células embriogénicas totipotentes são mais frequentemente obtidas a partir de explantes de tecidos de plântulas embrionárias ou da adolescência para serem processadas na embriogénese somática. Os tecidos de pequenas dimensões excisados de inflorescências da adolescência são eficazes para a indução da embriogénese somática em culturas. Outros explantes utilizados são o escutelo (cotilédone modificado no embrião que se assemelha a um escudo), raízes jovens, pecíolos, folha imatura e hipocótilo imaturo. Os embriões somáticos podem germinar in situ ou quando são cortados e cultivados individualmente num meio nutritivo semi-sólido fresco estéril.

Existem alguns requisitos necessários para a indução e promoção de embriões somáticos. Estes requisitos são estabelecidos através da utilização de culturas em suspensão. O desenvolvimento invitro de embriões somáticos foi testado pela primeira vez em cenoura com a presença de auxina no meio. Os tecidos ou calos, que são mantidos continuamente num meio sem auxina, nunca formarão embriões. Por isso, a embriogénese somática é importante e funciona em duas etapas: na primeira etapa, permite-se que o calo se multiplique num meio com mais auxina. Isto induz a diferenciação de grupos localizados de células meristemáticas chamadas aglomerados embriogénicos. Na segunda etapa, os tufos embrionários evoluem para embriões maduros quando são transferidos para um meio com um nível muito baixo de auxina ou sem qualquer auxina. É necessária uma grande quantidade de azoto, geralmente proveniente de sais de amónio reduzidos, tanto para a iniciação como para a maturação dos embriões. Uma caraterística necessária para a embriogénese na cenoura selvagem é a presença de uma elevada concentração de potássio. Uma quantidade mínima de oxigénio dissolvido resultará na síntese de níveis mais elevados de ATP celular, enquanto uma quantidade mais elevada de oxigénio favorece o crescimento da raiz. A suspensão de células embriogénicas começaria a crescer dentro de 2-3 semanas de agitação e depois as células têm de ser transferidas para um meio puro em intervalos periódicos.

Embriogénese somática em culturas de monocotiledóneas

Muitas plantas monocotiledóneas são de grande importância agrícola e medicinal. Ao contrário das dicotiledóneas, as partes vegetativas de uma planta monocotiledónea não proliferam facilmente em culturas. Por conseguinte, os explantes são retirados de tecidos embriogénicos ou meristemáticos.

O calo obtido a partir dos explantes cultivados é cortado em pequenos pedaços sob condições estéreis e dividido em pequenos pedaços que são depois incubados num meio nutritivo líquido. Os embriões somáticos das dicotiledóneas são geralmente bipolares, ao passo que nas monocotiledóneas, como a *Dioscorea floribunda,* os embriões somáticos emergem como estruturas cónicas curtas com um colar de cotilédones denominado tecido cotiledonar. O tecido cotiledonar começa por ser um anel inteiro, mas muitas vezes cresce assimetricamente, aquando dos processos de maturação. Estes embriões são visíveis e podem ser facilmente detectados. Os embriões somáticos maduros podem crescer individualmente num meio MS semi-sólido suplementado com glutamina e zeatina, mas se forem colocados em grupos de cinco ou mais, recomenda-se que a produção de plântulas seja feita num meio não suplementado.

A germinação do embrião somático seria eficiente se fossem utilizados ápices de rebentos e raízes maduros e funcionais. Níveis elevados de auxina podem inibir o desenvolvimento e o crescimento do meristema do rebento e, frequentemente, os embriões amadurecem quando a suspensão de células embriogénicas é transferida para um meio sem auxina. Vários factores físicos podem também estar envolvidos na maturação do embrião. As espécies que necessitam de tratamento pelo frio para a germinação de sementes são submetidas a tratamento pelo frio. O tratamento pelo frio é preferível para o desenvolvimento normal de embriões em plântulas, independentemente de se tratar de embriões jovens ou maduros.

As aplicações práticas da embriogénese somática

- Propagação clonal
- Clonagem de embriões zigóticos para embriogénese somática repetitiva
- Criação de variantes somaclonais em espécies arbóreas
- Síntese de sementes artificiais
- Fonte do sistema de protoplastos regeneráveis
- Transformação genética
- Síntese de metabolitos

Vantagens da hibridação somática

1. Os híbridos somáticos podem ser produzidos para espécies que não podem ser hibridadas sexualmente.
2. Os híbridos somáticos podem ser facilmente utilizados em programas de melhoramento para a transferência de genes de resistência
3. Os híbridos podem ser produzidos mesmo com os clones e estes são completamente estéreis.
4. A transferência de citoplasma pode ser efectuada num ano, enquanto o retrocruzamento pode demorar 5-6 anos.
5. As mitocôndrias de uma espécie podem ser combinadas com o cloroplasto de outra espécie. Isto pode ser muito importante nalguns casos, e não é possível por meios de reprodução sexual, mesmo entre espécies facilmente cruzáveis.
6. Os explantes geneticamente modificados também podem ser gerados como híbridos somáticos.

Desvantagens da hibridação somática

1. As técnicas de isolamento, cultura e fusão de protoplastos são muito complicadas.
2. Geralmente, existe a possibilidade de eliminação de cromossomas na produção de híbridos somáticos, o que conduzirá à formação de híbridos assimétricos. Estes híbridos podem ser úteis, mas não existe qualquer controlo sobre a eliminação dos cromossomas.
3. A maioria dos híbridos somáticos apresenta instabilidade genética, que pode ser uma caraterística formada pela combinação de espécies.
4. A maioria dos híbridos somáticos produz regenerantes que não são estéreis. Estes

híbridos podem ser utilizados no estudo do melhoramento das culturas. Todos os híbridos somáticos interfamiliares são geneticamente instáveis e/ou morfologicamente anormais, enquanto os híbridos intergenéricos e intertribais são geneticamente estáveis. De qualquer modo, estes esforços produzem maioritariamente plantas anormais ou estéreis.

5.9 Cultura de protoplastos

Nos programas de melhoramento de plantas, muitos compostos importantes não podem ser introduzidos através dos métodos habituais de manipulação genética. Existe um processo diferente do ciclo sexual, que é utilizado nas plantas superiores e que pode conduzir à recombinação genética. Este procedimento genético não tradicional que envolve a fusão entre protoplastos somáticos isolados em condições in vitro e o subsequente desenvolvimento dos seus produtos finais numa planta híbrida é conhecido como hibridação somática.

Os protoplastos podem ser libertados da parede celular de duas formas.

1. Método mecânico
2. Processo enzimático

A abordagem mecânica envolve o corte de um tecido plasmolisado no qual os protoplastos encolheram e se afastaram da parede celular. A desplasmólise pode resultar na expansão e libertação dos protoplastos das extremidades cortadas das células. Na prática, esta técnica é muito incómoda e a produção de possíveis protoplastos não é natural. Estes protoplastos são facilmente susceptíveis de serem atacados por agentes patogénicos. No entanto, uma das vantagens é que os efeitos complicados e muitas vezes deletérios das enzimas redutoras de parede no metabolismo dos protoplastos são removidos deles.

Na abordagem enzimática mista, os tecidos vegetais são plasmolisados na presença de uma mistura de pectinases e celulases, o que implica a separação concomitante das células e a degeneração das suas paredes para libertar diretamente os protoplastos. A utilização de enzimas disponíveis no mercado permitiu o isolamento de protoplastos de quase todos os tecidos vegetais em que as células não ganharam lenhificações.

As fontes de protoplastos são folhas, culturas de calos, culturas de suspensão de células e materiais vegetais pré-condicionados. A folha é a fonte mais adequada e popular de protoplastos de plantas porque permite o isolamento de uma grande quantidade de células uniformes suficientes. O isolamento de protoplastos em folhas envolve cinco passos básicos. São elas

1. esterilização das folhas
2. remoção da camada de células epidérmicas
3. pré-tratamento enzimático
4. incubação em enzima

5. isolamento por filtração e centrifugação.

As culturas de suspensão de células são consideradas uma óptima fonte de protoplastos isolantes. Uma suspensão de células de alta densidade é centrifugada. As células sobrenadantes são incubadas numa mistura de enzimas num frasco de cultura colocado num agitador de plataforma durante 6 horas a uma noite, dependendo da ação das enzimas. Uma concentração mais baixa de enzima ajuda a evitar a formação de agregados na suspensão celular, de modo a obter melhores rendimentos. Os protoplastos devem ser viáveis e saudáveis, pois só assim podem sofrer divisões e regenerações saudáveis. No entanto, existem alguns métodos utilizados para verificar a possibilidade de os protoplastos serem viáveis, que são a observação do fluxo citoplasmático e a absorção de oxigénio pelos protoplastos, que pode ser medida pelo elétrodo de oxigénio. Ex: atividade fotossintética.

O primeiro passo da cultura de protoplastos é o desenvolvimento de uma parede celular à volta da membrana dos protoplastos isolados. Isto é motivado pela indução de divisões no protoplasto. Através da manipulação dos regulamentos nutricionais e fisiológicos nos meios nutritivos, as colónias de células podem ser induzidas a fomentar continuamente um calo ou a degenerar plantas inteiras. Os métodos de cultura e os requisitos dos protoplastos isolados são frequentemente os mesmos que os das células individuais. Os protoplastos isolados ou as suas células híbridas são cultivados num meio líquido ou em ágar. É preferível um meio de cultura líquido para as culturas de protoplastos. Os protoplastos, numa camada fina, são adicionados a uma placa de Petri esterilizada sob a forma de gotas no meio nutriente. Esta placa de Petri é coberta por outra placa de Petri e eventualmente selada com película aderente. A placa de cultura é então mantida em condições mínimas de luz ou escuridão a 25 -28^{oo} C.

Os componentes nutricionais dos meios de cultura de protoplastos são normalmente constituídos por nutrientes que são os mesmos que os necessários para as culturas de calos e de suspensão. Contudo, o ferro, o zinco e o amónio utilizados nos meios de cultura de tecidos vegetais são demasiado elevados para a cultura de protoplastos. As vitaminas utilizadas na cultura de protoplastos são mais ou menos as utilizadas nos meios normais de cultura de tecidos. Ambos os tipos de substâncias de crescimento são utilizados nos meios de cultura de protoplastos a fim de induzir a formação de paredes celulares e a separação de protoplastos isolados.

Regeneração de protoplastos

O processo de formação da parede celular pode ser efectuado em dois ou vários dias. Os protoplastos geralmente começam a regenerar uma parede celular dentro de algumas horas após o isolamento. Nesta altura, os protoplastos perdem a sua forma esférica caraterística. A parede celular recém-formada é composta por microfibrilas pouco organizadas. O processo de regeneração dos protoplastos requer um fornecimento exógeno de fonte de carbono

metabolizado no meio nutritivo. Os estabilizadores osmóticos iónicos no meio suprimem sempre o crescimento de uma parede adequada.
Pouco depois da formação de uma parede celular à volta dos protoplastos, o calo ou a planta inteira começa a desenvolver-se. As células atingem um tamanho suficiente no espaço de uma semana. As divisões subsequentes do calo darão origem a pequenas colónias de células. O calo pode ser submetido a uma variação organogénica ou a uma regeneração da planta inteira.

Fusão de protoplastos

Devido à presença da parede celular, não será possível fundir os citoplasmas de duas células vegetais. No entanto, verificou-se que os protoplastos isolados se fundem espontaneamente, uma vez que a única barreira entre o citoplasma de duas células é a membrana plasmática. Depois de muitas melhorias, as técnicas de fusão de protoplastos tornaram-se essenciais para produzir híbridos de espécies sexualmente incompatíveis. A fusão de protoplastos é viável mesmo entre uma célula vegetal e uma célula animal, pelo que pode ter uma aplicação alargada.

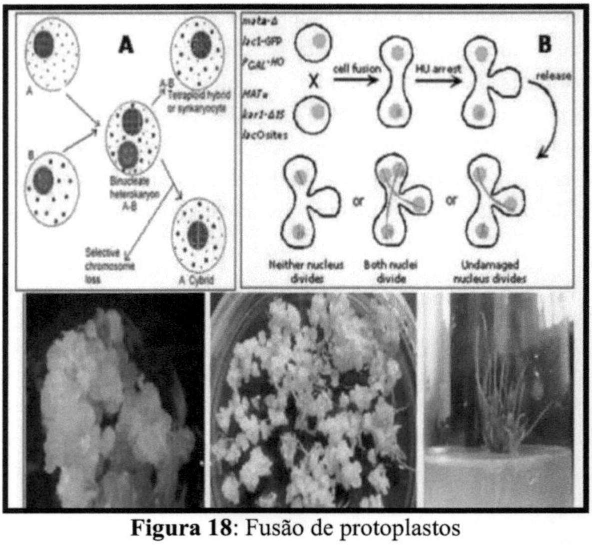

Figura 18: Fusão de protoplastos

A - Os princípios básicos da fusão de duas células
B - A fusão celular é seguida de divisão dos núcleos não danificados
C - Diferentes fases da fusão de protoplastos e regeneração de plantas
O processo de hibridação somática envolve três métodos importantes. São eles

1. isolamento de protoplastos

2. fusão de protoplastos
3. seleção de híbridos somáticos para regenerar as plantas completas.

Para a fusão de protoplastos são utilizadas as seguintes três condições importantes

1. Ca++ elevado e pH elevado
2. polietilenoglicol PGA
3. campo elétrico

A fusão de células somáticas diploides gera normalmente um tetraploide. No produto da fusão podemos ver também a fusão dos núcleos. Num produto de fusão, se os núcleos se mantiverem separados sem se fundirem, chama-se heterocarião.

A tecnologia dos protoplastos tem várias aplicações para além da regeneração de plantas completas e da produção de híbridos de espécies sexualmente incompatíveis. Estas técnicas têm sido fundamentais para a produção de informação científica de base sobre biologia celular, incompatibilidade vegetal, função das membranas, estudos dos organelos celulares e regeneração celular, ultra-estrutura e arquitetura a nível molecular das células vegetais. Estas técnicas estão agora a ser utilizadas para a transferência de esterilidade masculina citoplasmática.

Os protoplastos são capazes de absorver macromoléculas, vírus, componentes celulares como cromossomas e cloroplastos por fagocitose.

5.10 Cultura de ovários e óvulos

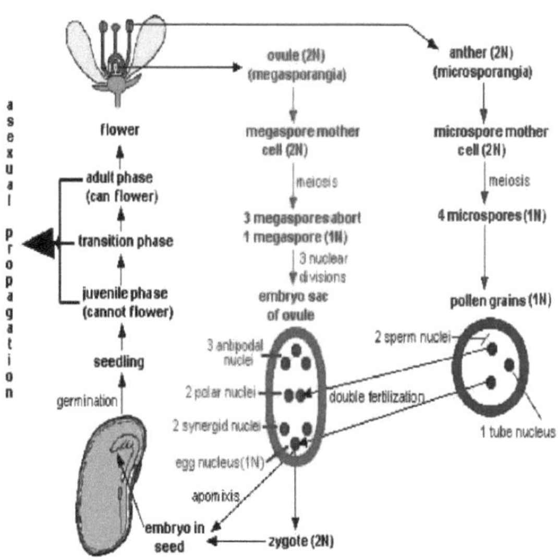

Figura 19: Etapas envolvidas na propagação sexual

As técnicas de conservação de embriões, como a cultura de embriões, a cultura de óvulos e a cultura de ovários, são frequentemente utilizadas na hibridação interespecífica. No ovário de tulipas, a cultura de óvulos foi aplicada com sucesso para recapturar os híbridos únicos. A percentagem de embriões recuperados após a cultura de fatias de ovário e a cultura de óvulos aumentou na tulipa com a idade do embrião. As vagens (ovário) são colhidas 3-8 semanas após a polinização. Os ovários têm de ser esterilizados à superfície, mergulhando-os em etanol a 70% durante 1 minuto, seguido de um enxaguamento de 20 minutos com uma lixívia estéril constituída por 2% de cloro e, subsequentemente, três enxaguamentos com água estéril. Para a cultura de fatias de ovário, os ovários são cortados transversalmente em oito secções e mantidos com a extremidade basal cortada no meio. São mantidos quatro pedaços de ovário por placa de Petri. Os óvulos utilizados para a cultura de óvulos são dissecados diretamente dos pedaços de ovário.

O meio padrão para a cultura de ovários em fatias consiste em metade dos macronutrientes e micronutrientes densos e na concentração habitual de vitaminas. O meio MS normal é suplementado com sacarose, NAA, nistatina, vancomicina, cefotaxima, sódio e ágar bacteriológico para o tornar mais nutritivo. O pH do meio é alterado em conformidade antes da adição de ágar. Em seguida, o meio tem de ser autoclavado durante 20 minutos a 120° c pelo método de calor húmido. Os antibióticos são esterilizados por filtração e adicionados após a autoclavagem do meio.
Em geral, são utilizadas dez vagens por cruz para uma planta. Os ovários são cortados transversalmente em 8 fatias às 5 semanas após a polinização e os pedaços são mantidos em meio MS. Após nove semanas de polinização, os óvulos são novamente excisados do pedaço de ovário e mantidos um a um no meio. A mesma quantidade de pedaços de óvulos é mantida em cada meio. Os embriões crescidos têm de ser transferidos para recipientes estéreis. Pode observar-se um crescimento melhorado das plantas com um sistema radicular ramificado e rebentos com numerosos nós e folhas. Após a aclimatação, as plantas podem ser estabelecidas em vasos de estufa.

6. Vantagens da cultura de tecidos de plantas

1. O mais importante é o facto de as plantas cultivadas em tecidos serem independentes das variações geográficas e sazonais e também das alterações das condições ambientais.
2. A cultura de tecidos é o único método viável para regenerar células geneticamente modificadas ou células após o método de fusão de protoplastos.
3. Um pequeno espaço seria suficiente para produzir um grande número de plantas. Por conseguinte, não é necessário dispor de uma grande superfície de terreno.
4. As plantas com sementes muito pequenas são cultivadas de forma fiável a partir de sementes nesta técnica de cultura estéril.
5. É útil na multiplicação de plantas que produzem um número muito reduzido de sementes, ou de plantas que não produzem sementes viáveis ou quando as sementes não podem ser armazenadas durante um longo período
6. Pode ser produzido um grande número de plantas por metro quadrado e os propágulos podem ser armazenados durante um período mais longo num espaço mais pequeno.
7. Todos os fornecimentos são definidos para o sistema de produção. Todos seriam continuamente fornecidos com qualidade uniforme.
8. A produção de um grande número de plantas que são clones umas das outras
9. Maior taxa de fecundidade, produção de milhares de propágulos, enquanto as técnicas convencionais apenas produzem um número muito reduzido.
10. A biotransformação específica da região das células vegetais pode ser feita para produzir uma variedade de compostos bioactivos.
11. A micropropagação pode ser utilizada para produzir plantas resistentes a doenças e herbicidas
12. Os novos metabolitos que não se encontram normalmente nas plantas-mãe podem ser produzidos nas plantas cultivadas in vitro através da técnica de cultura de tecidos vegetais.
13. Este sector oferece emprego a jovens e profissionais
14. Estão em curso inúmeras actividades de investigação neste domínio.
15. A micropropagação produz frequentemente plantas mais robustas, que podem apresentar um crescimento acelerado em comparação com as plantas semelhantes produzidas por métodos convencionais.

7. Desvantagens da cultura de tecidos de plantas

1. Esta solução é muito dispendiosa e requer mão de obra qualificada, pelo que não é rentável
2. Uma planta infetada pode simplesmente infetar toda a sua descendência. Se as plantas-mãe forem cuidadosamente selecionadas, é possível evitar a infeção.
3. Nem todas as plantas são cultivadas com sucesso em cultura de tecidos, porque a composição exacta dos meios para todas as variedades de plantas não foi finalizada individualmente. Ex: O meio que é utilizado para cultivar choupo não funciona para o tabaco
4. Algumas plantas podem produzir metabolitos secundários, substâncias tóxicas no meio que podem matar os explantes ou inibir o seu crescimento.
5. Se a infeção ocorrer nas culturas em muito grande escala, isso representará uma perda económica e um desperdício de tempo e esforço
6. Se uma monocultura for produzida por micropropagação com uma certa resistência a doenças, as plantas descendentes podem ser vulneráveis à mesma infeção.
7. Por vezes, as plantas não se formam de acordo com o seu tipo após a cultura de tecidos. Isto depende do tipo de explantes utilizados no início, da idade do explante.
8. Algumas plantas são muito difíceis de desinfetar e esterilizar sem serem danificadas.
9. O investimento inicial para estabelecer um laboratório de cultura de tecidos e a manutenção de um laboratório em funcionamento ativo seria muito dispendioso
10. A produção em grande escala da mesma linha de plantas, sem qualquer restrição, pode afetar a existência do equilíbrio natural
11. A resolução de problemas ou a resolução de problemas são demoradas
12. Se a contaminação for detectada numa fase posterior do crescimento da planta, todo o trabalho árduo será perdido sem qualquer prémio

8. Aplicação da cultura de tecidos para o futuro

A cultura de tecidos vegetais é amplamente utilizada na agricultura, silvicultura, indústria e horticultura.

1. As técnicas de cultura de tecidos de fusão celular e hibridação resolveram os problemas de incompatibilidade das plantas.
2. O rendimento e a qualidade das plantas podem ser melhorados
3. As sementes encapsuladas artificialmente são os embriões somáticos cobertos por um gel protetor. Nestas sementes, o endosperma artificial fornece nutrientes às sementes e às plantas em crescimento.
4. As plantas resistentes a doenças podem ser produzidas através de técnicas de cultura de tecidos.
5. A quimioterapia de explantes maiores a partir dos explantes que fornecem plantas dadoras ou propágulos dará origem a plantas isentas de vírus.
6. As plantas cultivadas tolerantes a herbicidas são produzidas através da utilização de protoplastos.
7. Espécies distantes podem ser regeneradas por fusão de protoplastos.
8. Algumas plantas superiores podem ser capazes de fixar o azoto. A capacidade de fixação do azoto de uma planta pode ser melhorada através de Técnica de cultura de tecidos
9. Se for necessário aumentar o número de indivíduos idênticos, a cultura de rebentos é a melhor solução
10. As técnicas de micropropagação são preferidas aos métodos de propagação convencionais pelas seguintes razões
    1. pequena quantidade de tecido vegetal inicial
    2. menos demorado
    3. não dependente da época
11. Os fungos micorrízicos têm sempre dificuldade em crescer em meios artificiais. Se a multiplicação de fungos micorrízicos for efectuada em tecidos cultivados da mesma planta hospedeira, o seu desenvolvimento será bem sucedido,
12. Boa ferramenta para manusear fungos micorrízicos em grande escala para a horticultura.
13. As plantas podem ser multiplicadas através do método de micropropagação em grande escala. Ex: Árvores florestais que produzem combustível, polpa, madeira, óleos ou frutos.
14. Cultura de células vegetais em grande escala em meio líquido para a produção de compostos raros e dispendiosos, por exemplo, metabolitos secundários e proteínas recombinantes.
15. Conservar e multiplicar as nossas espécies vegetais raras ou ameaçadas de extinção, para que não se percam do globo.

16. Espécies relacionadas entre si podem ser objeto de polinização cruzada
17. Produção de espécies híbridas estéreis idênticas
18. A cultura de pontas de meristema pode ser utilizada para produzir materiais vegetais limpos sem a existência de vírus, por exemplo: batatas
19. Estudar a base molecular dos mecanismos fisiológicos, bioquímicos e reprodutivos das plantas, por exemplo, seleção in vitro de plantas tolerantes ao stress e estudos de floração in vitro.
20. Se a aplicação biotecnológica da cultura de tecidos for bem sucedida, poderá ser possível a produção em grande escala de metabolitos secundários. A produção em larga escala de culturas resistentes a insecticidas e herbicidas é feita através de diversas técnicas de cultura de tecidos.
21. Melhoraria as oportunidades de emprego para as pessoas formadas
22. Boa técnica para multiplicar as culturas que não podem produzir sementes e as plantas que produzem um número menor de sementes

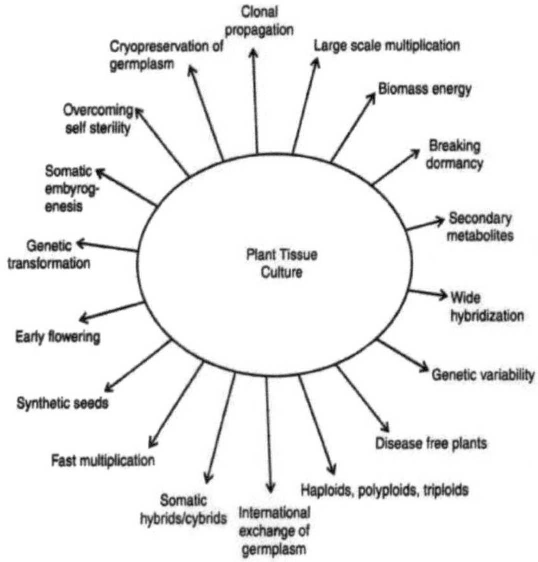

Figura 20: Melhoramento de plantas através da cultura de tecidos (Fonte: Biocyclopedia)

Transformação genética

A transformação genética é a mais recente caraterística da cultura de tecidos de células vegetais que permite a transmissão de genes com caraterísticas desejáveis para plantas hospedeiras e a obtenção de plantas transgénicas. A técnica tem um grande potencial de desenvolvimento genético de variedades de plantas cultivadas, integrando-se na biotecnologia vegetal e nos programas de melhoramento. Tem um papel promissor na introdução de caraterísticas agronómicas essenciais, como o aumento da produção, a melhoria da qualidade e a resistência avançada a pragas e doenças.

A transformação genética em plantas pode ser obtida através de um método mediado por vetor (transferência indireta de genes) ou menos (transferência direta de genes). Entre os métodos de transmissão de genes dependentes de vectores, a transformação genética mediada por *Agrobacterium* é a mais utilizada para a expressão de genes estranhos em células vegetais. A introdução bem sucedida de caraterísticas agronómicas nas plantas foi conseguida através da utilização de explantes radiculares para a transformação genética. Os vectores baseados em vírus oferecem uma forma alternativa de expressão firme e rápida de proteínas transitórias em células vegetais, proporcionando assim um meio eficiente de produção de proteínas recombinantes em grande escala.

Recentemente, foram obtidas plantas transgénicas bem sucedidas de *Jatropha* através da entrega direta de ADN a sementes maduras obtidas a partir de ápices de rebentos pelo método de bombardeamento de partículas. Esta tecnologia tem um impacto especial na minimização das partículas tóxicas nas sementes, resolvendo assim a barreira da utilização de sementes numa variedade de sectores industriais. A regeneração de plantas resistentes a doenças ou vírus é atualmente conseguida através da utilização da técnica de transformação genética. Os investigadores conseguiram desenvolver plantas transgénicas resistentes ao vírus Y da batata (PVY), que constitui um grande problema para a cultura da batata a nível mundial. Além disso, foram produzidas plantas transgénicas de *petúnia híbrida* sem marcadores, utilizando o sistema de vetor multi-autotransformação (MAT). A planta mostrou um elevado nível de resistência a *Botrytis cinerea,* agente causal do bolor cinzento.

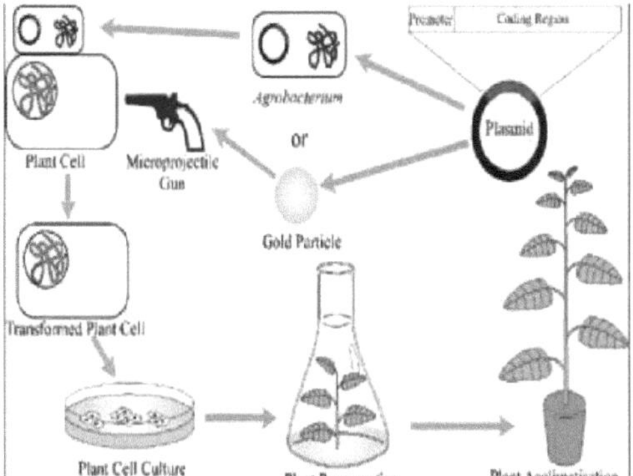

Figura 21: O diagrama explica o processo de engenharia genética

Cultura de tecidos na agricultura

Como tecnologia geradora, a cultura de tecidos vegetais tem um grande impacto tanto na agricultura como na indústria, através da produção de plantas que podem satisfazer a procura mundial cada vez maior. A biotecnologia foi introduzida nas práticas agrícolas de inúmeras formas. A cultura de tecidos permite a produção e a propagação de material vegetal geneticamente homogéneo e isento de doenças. A cultura in vitro de células e tecidos é um instrumento benéfico para a indução da diferenciação somoclonal. A variabilidade genética desencadeada pela cultura de tecidos pode ser utilizada como uma fonte de variabilidade para obter um novo genótipo firme de um organismo. Ex: Aumentar o rendimento de diferentes variedades de culturas, rendimento de variedades tolerantes à salinidade, à seca e ao stress térmico, rendimento de plantas isentas de doenças, transformação genética, aumento da produção de metabolitos secundários.

Conservação de germoplasma

A cultura in vitro de células e órgãos constitui uma fonte alternativa para a preservação de genótipos ameaçados. A preservação de germoplasma está a tornar-se cada vez mais uma atividade necessária a nível mundial, devido à elevada taxa de desaparecimento de espécies vegetais e à crescente procura de salvaguarda do património florístico dos países.

Os protocolos de cultura de tecidos podem ser utilizados para a conservação de tecidos vegetativos quando os objectivos de preservação são clones e sementes. Para manter o património genético de uma cultura para sempre e evitar a perda dos recursos conservados devido a catástrofes naturais, a conservação do germoplasma é muito útil. As espécies vegetais que não produzem sementes ou que têm sementes recalcitrantes e não podem ser conservadas durante um longo período de tempo podem ser conservadas com êxito através da tecnologia in vitro, o que ajuda a guardar essas variedades nos bancos de genes.

A criopreservação desempenha um papel essencial na preservação in vitro a longo prazo de materiais biológicos e recursos genéticos cruciais. Consiste no armazenamento de células ou tecidos in vitro em azoto líquido. O sucesso da criopreservação é frequentemente verificado pela sobrevivência de células e tecidos e pela capacidade de se regenerarem em plantas inteiras ou formarem novas colónias. Esta capacidade de sobrevivência é novamente testada por cultura in vitro. A fidelidade das plantas recuperadas pode ser estimada a nível fenotípico, histológico, citológico, bioquímico e molecular. Há méritos e deméritos na variedade de abordagens utilizadas para processar a estabilidade genética. A criobiónica é uma nova abordagem para estudar a estabilidade genética em materiais vegetais criopreservados. Os tecidos embrionários podem ser criopreservados para utilização futura ou para preservação de germoplasma.

Cultura de embriões

A cultura de embriões é um tipo de cultura de tecidos vegetais que é utilizada para fomentar embriões a partir de sementes e óvulos num meio nutritivo. Na cultura de embriões, a planta evolui diretamente a partir do embrião ou indiretamente através da criação de calos e da subsequente criação de rebentos e raízes. A técnica utilizada para reduzir o ciclo de reprodução das plantas através da promoção de embriões excisados resulta na redução do longo período de dormência das sementes. Os híbridos intra-varietais de uma planta energética economicamente essencial, *a Jatropha*, foram produzidos com sucesso com o objetivo específico de multiplicação em massa.

Fusão de protoplastos

A hibridação somática é uma ferramenta essencial para o melhoramento de plantas e o desenvolvimento de culturas através da produção de híbridos interespecíficos e intergenéricos. A técnica envolve a fusão de protoplastos de dois genomas diferentes, seguida da seleção de células somáticas híbridas desejadas e da regeneração de plantas híbridas. A fusão de protoplastos constitui um meio eficaz de transmissão de genes com as caraterísticas desejadas de uma espécie para outra e tem um impacto crescente no desenvolvimento das culturas. Foram produzidos híbridos somáticos através da fusão de protoplastos de arroz e de cana-de-açúcar, utilizando o tratamento de electrofusão para obter resistência aos sais.

Produção de haplóides

As técnicas de cultura de tecidos permitem a produção de plantas homozigóticas num período de tempo relativamente curto através de culturas de protoplastos, anteras e micrósporos, em vez da reprodução tradicional. Os haploides são plantas estéreis com um único conjunto de cromossomas que se transformam em diploides homozigóticos por duplicação espontânea ou desencadeada dos cromossomas. A duplicação dos cromossomas restaura a fertilidade das plantas, resultando na produção de haploides duplos com potencial para se tornarem novas cultivares. O método tem uma utilização notável na transformação genética pela produção de plantas haplóides com resistência desencadeada a uma variedade de stresses bióticos e abióticos. A introdução de genes com as caraterísticas desejadas no estado haploide, prosseguida pela duplicação dos cromossomas, conduziu à produção de duplos haplóides de trigo puro e de plantas tolerantes à seca.

9. Situação atual da cultura de tecidos de plantas

A biotecnologia moderna desenvolveu-se a partir das raízes da cultura de tecidos vegetais e das técnicas de micropropagação. A biotecnologia das células vegetais emergiu numa nova dimensão como biotecnologia, centrada no rendimento, na quantidade e na qualidade das plantas e dos produtos vegetais. Estes êxitos no domínio da biotecnologia não teriam sido possíveis sem o conhecimento e o desenvolvimento de técnicas de cultura de tecidos. As técnicas de cultura de tecidos fornecem os instrumentos para a introdução de pormenores genéticos em várias células vegetais. Através da produção de plantas transgénicas, tem sido muito simples produzir várias proteínas, anticorpos, enzimas e vacinas. A taxa de sucesso das aplicações biotecnológicas depende da regeneração de plantas após uma modificação genética complicada, por micropropagação.

A cultura de tecidos é uma das aplicações biotecnológicas que tem sido amplamente utilizada no melhoramento das culturas. A micropropagação, a preservação de germoplasma, a produção de plantas isentas de doenças, a recuperação de embriões, a produção de haplóides e a engenharia genética são algumas das aplicações da cultura de tecidos. No entanto, estas aplicações não podem ser efectuadas facilmente em todas as outras partes do mundo, onde o rendimento agrícola é crítico. O acesso às técnicas e instrumentos de cultura de tecidos é fácil nos países desenvolvidos. A tecnologia demonstrou a sua utilidade e está disponível a qualquer momento, agora é a nossa vez de a utilizar em grande escala para melhorar as culturas agrícolas, a produção de alimentos, obter o rendimento das plantas transgénicas de forma frutuosa e outros benefícios.

A atual tecnologia de cultura de tecidos ajuda a alcançar o método em plantas ornamentais herbáceas, diversas culturas de plantação, orquídeas, gramíneas forrageiras, leguminosas para grão e cereais e espécies arbóreas de elite. Nos últimos anos, os avanços técnicos na cultura de células têm sido enormes e únicos na sua aplicação como ferramentas comerciais na horticultura, agricultura, bioquímica e fitopatologia.

10. Situação futura da cultura de tecidos vegetais

A cultura de células e tecidos vegetais contribui significativamente para a produção de metabolitos secundários úteis. Alguns deles têm valor terapêutico e são produzidos principalmente devido à interação entre plantas e micróbios. Como alternativa às várias substâncias medicinais das plantas, as técnicas modernas de cultura de tecidos vegetais são utilizadas eficazmente na produção de metabolitos vegetais bioactivos em grande escala. A capacidade de diferentes culturas celulares deve ser identificada na produção de várias substâncias biossintéticas e das suas funções únicas para a existência da vida.

É necessário estudar as potenciais utilizações da cultura de tecidos vegetais e da biotecnologia para aprofundar os nossos conhecimentos sobre a fisiologia das plantas, o seu funcionamento, sobrevivência e adaptação às alterações ambientais. Foi realizada a transformação genética mediada por Agrobacterium e a eletroforese. No futuro, é necessária a geração de plantas resistentes a doenças, herbicidas e stress ambiental, bem como outras caraterísticas importantes relacionadas com as plantas. A utilização de tecnologias moleculares para a identificação de genótipos, clones e a sua origem permitirá aos investigadores identificar a origem dos propágulos, utilizando métodos de propagação modernos. As aplicações da biotecnologia vegetal em todos os aspectos da vida devem ser exploradas e desenvolvidas para satisfazer as necessidades do século XXI.

11. Cultura de tecidos Glossário

Adventícias: Desenvolvimento de folhas, caules, raízes, gomos, rebentos e embriões somáticos a partir de tecidos de rebentos e raízes e calos (massa indiferenciada).

Ágar: Agente solidificante natural produzido a partir de algas vermelhas

Técnica asséptica: Passos utilizados para evitar a entrada de microrganismos, tais como fungos, bactérias, vírus e outros pequenos agentes nas culturas, e a contaminação cruzada das culturas.

Calo: uma massa desorganizada e indiferenciada de células vegetais diferenciadas.

Cultura celular: cultura de células ou do seu desenvolvimento *in vitro*, incluindo a cultura de células isoladas.

Quimera: Tecidos que têm células transformadas e não transformadas

Propagação clonal: multiplicação assexuada de plantas a partir de um único organismo ou explante.

Clones: Populações semelhantes de indivíduos geneticamente idênticos / Plantas que são propagadas a partir de partes vegetativas, que são derivadas por propagação de um único organismo. Os clones são geralmente geneticamente uniformes.

Contaminação: infeção ou introdução de microrganismos **indesejáveis** num ambiente controlado

Criopreservação: Armazenamento de células, tecidos, embriões e sementes a temperaturas muito baixas.

Cultura: Um explante ou planta que cresce *in vitro* num ambiente estéril

Diferenciadas: células cultivadas que possuem todas ou a maioria das estruturas especializadas e são capazes de funcionar como um tipo de célula típico *in vivo.*

Cultura de embriões: Cultura *in vitro* de embriões maduros ou imaturos que são separados ou isolados.

Explante: um pedaço ou tecido excisado de uma planta que é utilizado no início da cultura de tecidos.

Ex vitro: Organismos que são removidos do processo de cultura de tecidos e transplantados para fora da instalação de cultura de tecidos. Estas plantas de cultura de tecidos podem ser transferidas para o solo ou para uma mistura de solo.

Hormona: Substâncias químicas geralmente de ocorrência natural que são responsáveis pelo crescimento e desenvolvimento

In Vitro: Se qualquer ser vivo que cresce numa instalação controlada

In Vivo: Se qualquer ser vivo que cresce naturalmente

Cabina/capela de fluxo laminar: Uma área de trabalho especialmente concebida onde o ar é filtrado por filtros HEPA e libertado limpo e sem micróbios

Meio: uma solução nutritiva sólida ou líquida ou um sólido que é utilizado para a cultura de células biológicas

Meristema: grupo de células indiferenciadas que se encontram nas pontas dos rebentos, gomos e raízes, que se podem dividir ativamente e formar novos tecidos.

Micropropagação: multiplicação de plantas a partir de tecidos vegetativos, utilizando técnicas de cultura in vitro.

Propágulo: tecido de um organismo (rebento, folha, calo, etc.) utilizado para a propagação.

Embriões somáticos: estruturas bipolares não zigóticas, semelhantes a embriões, obtidas a partir de células somáticas da planta.

Subcultura: divisão e transferência assépticas de uma cultura ou de uma pequena quantidade dessa cultura para um meio sintético fresco.

Cultura de tecidos: cultura *in vitro* de células, tecidos, órgãos e plantas, em condições assépticas, em meios sintéticos.

Totipotência: capacidade de uma célula vegetal produzir a planta inteira quando cultivada em meios nutritivos adequados.

Transgénicos: plantas geneticamente modificadas que possuem um ADN estranho

Indiferenciadas: células que não se transformaram em tecidos especializados como o rebento e a raiz

Vitrificação: O congelamento da água na célula leva à morte da célula sem que a sua morfologia seja alterada

Abreviaturas

ABA - Absisic acid

BAP - 6-benylaminopurine

2,4-D - 2,4-dichlorophenoxyacetic acid

EDTA - Ethylenediaminetetraacetic acid

EtOH - Ethanol

GA_3 - Gibberellic acid

IAA - Indole-3-acetic acid

IBA - Indole-3-butyric acid

NAA - Naphthaleneacetic acid

NA - Nucleic Acid

KN - Kinetin

Referências

1. Ahmadi A, Azadfar D, Mofidabadi AJ (2010) Estudo da possibilidade de hibridação inter-genérica entre Salix aegyptica e Populus caspicato para obtenção de novos híbridos. Int. J. Plant Prod. 4(2): 143-147.
2. Akin-Idowu PE, Ibitoye DO, Ademoyegun OT (2009) Tissue culture as a plant production technique for horticultural crops. Afr. J. Biotechnol. 8(16): 37823788.
3. Bajaj YPS (1990) In vitroproduction of haploids and their use in cell genetics and plant breeding. In: Bajaj YPS, editor. Biotechnol. Agr. Forest. Berlin. 3-44.
4. Baldi A, Dixit VK (2008) Produção melhorada de artemisinina por culturas celulares de Artemisia annua. Curr. Terends in Biotechnol. Pharmacol. 2: 341-348.
5. Basu SK, Datta M, Sharma M, Kumar A (2011) Tecnologia de produção de plantas haploides em trigo e algumas plantas superiores selecionadas. Aust. J. Crop Sci. 5(9): 10871093.
6. Brown DCW, Thorpe TA (1995) Crop improvement through tissue culture. World J. Microbiol & Biotechnol. 11: 409-415.
7. Bouquet A, Terregrosa L (2003) Micropropagação da videira (Vitus spp.). In: Jain SM, Ishii K, editores.
   Micropropagação de árvores lenhosas e de frutos. Países Baixos. 75: 319-352.
8. Bukovinszki A, Diveki Z, Csanyi M, Palkovics L, Balazs, E (2007) Engenharia da resistência ao PVY em diferentes cultivares de batata num sistema de transformação sem marcadores utilizando um 'Shooter mutant' *A. tumefaciens.* Plant Cell Rep. 26(4): 459-465.
9. Cassells AC, Doyle BM (2005) Pathogen and biological contamination management: the road ahead. In: Loyola-Vargas VM, Vazquez-Flota F, editores. Plant Cell Culture Protocols, Humana Press.New York, USA: 3550.
10. Chatenet M, Delage C, Ripolles M, Irey M, Lockhart BLE, Rott P (2001) Deteção do sugarcane yellow leaf virus em quarentena e produção de cana-de-açúcar isenta de vírus por cultura de meristema apical. Plant Disease. 85(11): 1177-1180.
11. Chauhan H, Khurana P (2011) Utilização da tecnologia dos duplo-haplóides para o desenvolvimento de transgénicos estáveis de trigo-pão (Triticum aestivumL.) tolerantes à seca. Plant Biotechnol. J. 9(3): 408-417.
12. Chattopadhyay S, Farkya S, Srivastava AK, Bisaria VS (2002) Bioprocess Considerations for Production of Secondary Metabolites by Plant Cell Suspension Cultures. Biotechnol. Bioprocess Eng. 7: 138-149.
13. Christou P, Capell T, Kohli A, Gatehouse JA, Gatehouse AMR (2006) Recent developments and future prospects in insect pest control in transgenic crops (Desenvolvimentos recentes e perspectivas futuras no controlo de pragas de insectos em culturas transgénicas). Trends Plant Sci. 11: 302-308.
14. Chung SM, Manjusha V, Tzfira T (2006) Agrobacterium is not alone: gene transfer to plants by viruses and other bacteria. Trends Plant Sci. 11(1): 1-4.
15. Corredoira E, San-Jose MC, Ballester A, Vieitez AM (2004) Criopreservação de

eixos embrionários zigóticos e embriões somáticos de castanheiro europeu. Cryo Lett. 25: 33-42.

16. Contin A, Van der Heijden R, Verpoorte R (1999) Effects of alkaloid precursor feeding and elicitation on the accumulation of secologanin in a Catharanthus roseuscell suspension culture. Plant CellTiss. Org. Cult. 56: 111-119.
17. Day JG (2004) Cryopreservation: fundamentals, mechanisms of damage on freezing/thawing and application in culture collections. Nova Hedwigia. 79: 191-206.
18. El-Dougdoug KA, El-Shamy MM (2011) Gestão de doenças virais na bananeira utilizando material vegetal certificado e testado para vírus. Afr. J. Microbiol. Res. 5(32): 5923-5932.
19. Evans DA, Bravo JE (1988) Agricultural applications of protoplast fusion. In: Marby TI, editor. Plant Biotechnol. Austin: 51-91.
20. Ferrante E, Simpson D (2001) A Review of the Progression of Transgenic Plants Used to Produce Plantibodies For Human Usage.Bio. & Biomed. Sci. Issue 1.
21. Filho AR, Dal Vesco LL, Nodari RO, Lischka RW, Muller CV, Guerra MP (2005) Cultura de tecidos para conservação e propagação massal de Vriesea reitziiLeme e Costa, abromélia ameaçada de extinção da Mata Atlântica brasileira. Biodivers. Conserv. 14(8): 1799-1808.
22. Franklin G, Lakshmi SG (2003) Agrobacterium tumefaciens-mediated transformation of eggplant (Solanum melongenaL.) using root explants. Plant Cell Rep. 21: 549-554.
23. Garcia-Gonzales R, Quiroz K, Carrasco B, Caligari P (2010) Cultura de tecidos de plantas: situação atual, oportunidades e desafios. Cien. Inv. Agr. 37(3): 530.
24. Garcia R, Moran R, Somonte D, Zaldua Z, Lopez A, Mena CJ (1999) Biotecnologia da batata-doce (Ipomoea batatasL.): perspectivas e progressos. In: Altman A, Ziv M, Plant Tissue Culture: Current Status and Opportunities23 Shamay I, editores. Plant biotechnology and in vitrobiology in 21st century. Países Baixos: 143-146.
25. George EF (1993) Plant propagation by Tissue Culture (Propagação de plantas por cultura de tecidos). Eastern Press, Eversley.
26. Guerra MP, Handro W (1988) Embriogénese somática e regeneração de plantas em culturas de embriões de Euterpe edulisMart. (Palmae). Plant Cell Rep. 7: 550-552.
27. Haberlandt G (1902) Kulturversuche mit isolierten Pflanzenzellen. Sitzungsber. Akad. Wiss. Wien. Math.- Naturwiss.Kl. Abt. J. 111: 69-92.
28. Han GY, Wang XF, Zhang GY, Ma ZY (2009) Embriogénese somática e regeneração de plantas de algodão recalcitrante (Gossypium hirsutum). Afr. J. Biotechnol. 8(3): 432-437.
29. Harding K (2004) Genetic integrity of cryopreserved plant cells: a review. Cryo. Lett. 25: 3-22.
30. Harding K, Johnston J, Benson EE (2005) Plant and algal cell cryopreservation: issues in genetic integrity, concepts. In: Benett IJ, Bunn E, Clarke H, McComb JA,

editores. Cryobionomics and current European applications. In: Contribuição para um futuro sustentável. Austrália Ocidental: 112-119.

31. Harding K (2010) Plant and algal cryopreservation: issues in genetic integrity, concepts in cryobionomics and current applicationsin cryobiology. Aspac J. Mol. Biol. Biotechnol.18(1): 151-154.

32. Hellwig S, Drossard J, Twyman RM, Fischer R (2004) Plant cell cultures for the production of recombinant proteins. Nat. Biotechnol. 22: 1415- 1422.

33. Hinchee MAW, Corbin DR, Armstrong CL, Fry JE, Sato SS, Deboer DL, Petersen WL, Armstrong TA, Connor-Wand DY, Layton JG, Horsch RB (1994) Plant transformation in Plant Cell and Tissue Culture. In: Vasil LK, Thorpe TA, editores. Dordrecht: Kluwer Academic. 231-270.

34. Holeman DJ (2009) Simple embryo culture for plant breeders: a manual of technique for the extracyion and in vitrogermination of mature plant embryos with emphasis on the rose. Primeira edição. Rose Hybridizers Association. 10.

35. Husain MK, Anis M (2009) Rapid in vitromultiplication of Melia azedarachL. (uma árvore lenhosa polivalente). Ata Physiologiae Plantarum. 31(4): 765-772.

36. Hussain A, Naz S, Nazir H, Shinwari ZK (2011). Cultura de tecidos de pimenta preta (Piper nigrumL.) no Paquistão. Pak. J. Bot. 43(2): 1069-1078.

37. James C (2008) Global Status of Commercialized Biotech/ GM Crops. ISAAA Brief No. 39. Ithaca, NY. 243. Pareek LK (2005) Trends in Plant Tissue Culture and Biotechnology. Jodhpur, Índia. Agrobios. 350.

38. Jayasankar S, Gray DJ, Litz RE (1999) High-efficiency somatic embryogenesis and plant regeneration from suspensioncultures of grapevine. Plant Cell Rep. 18: 533-537.

39. Karuppusamy S (2009) A review on trends in production of secondary metabolites from higher plants by in vitrotissue, organ and cell cultures. J. Med. Plant Res. 3(13): 1222-1239.

40. Khan RS, Alam SS, Munir I, Azadi P, Nakamura I, Mii M (2011) Híbrido de Petunia isento de marcadores e resistente a Botrytis cinereares produzido com o sistema de vetor MAT. Plant Cell Tissue Organ Cult. 106:

41. Lee-Parsons CWT, Rogce AJ (2006) Precursor limitations in methyl jasmonate-induced Catharanthus roseuscell cultures. Plant Cell Rep. 25: 607-612.

42. Lila KM (2005) Valuable secondary products from in vitroculture, Secondary Products In Vitro, CRC Press LLC. 11-20.

43. Liu ZY, Chen PD, Pei GZ, Wang YN, Qin BX. Wang SL (1988) Transfer of Haynaldia villosachromosomes into Triticum aestivum. Procedimentos do 7º Simpósio Internacional de Genética do Trigo, Cambridge, Reino Unido. 355-361.

44. Morrison RA, Evans DA (1998) Plantas haplóides de cultura de tecidos: Novas variedades de plantas num curto espaço de tempo. Nat. Biotechnol. 6: 684-690. Tecidos de plantas Cultura: Situação atual e oportunidades 25

45. Marana JP, Miglioranza E, De Faria RT (2009) Estabelecimento in vitro de Jacaratia

spinosa(Aubl.) ADC. Semina-Ciencias Agrarias. 30(2): 271-274.

46. Marino G, Battistini S (1990) Crescimento do calo foliar, regeneração de rebentos e variação somaclonal em Actinidia deliciosa: efeito do pH do meio. Ata Horticulturae. 280: 37-44.

47. Maynard C, Xiang Z, Bickel S, Powell W (1998) Using genetic engineering to help save American chestnut: a progress report. J. Am Chestnut Found. 12: 40-56.

48. Misra M, Misra AN (1993) Genetic transformation of grass pea. In: Simpósio DAE sobre Fotossíntese. Biologia Molecular de Plantas, BRNS/DAE, Govt. of India. 246-251.

49. Mohan N, Nikdad S, Singh G (2011) Estudos sobre germinação de sementes e cultura de embriões de Jatropha curcasL. em condições in vitro. Artigo de investigação, Biotechnol, Bioinf, Bioeng. 1(2): 187-194.

50. Moreno PRH, Van der Heijden R, Verpoorte R (1993) Effect of terpenoid precursor feeding and elicitation on formation of indolealkaloids in cell suspension cultures of Catharanthus roseus. Plant Cell Rep. J. 12: 702- 705.

51. Mostageer A, Elshihy OM (2003) Estabelecimento de um híbrido somático tolerante ao sal através da fusão de protoplastos entre o arroz e o junco. Arab. J. Biotech. 6(1): 0112.

52. Motomura T, Hidaka T, Akihama T, Omura M (1997) Fusão de protoplastos para produção de plantas híbridas entre citrinos e géneros afins. J. Japan. Soc. Hort. Sci. 65: 685-692.

53. Murashige T (1974). Propagação de plantas através de cultura de tecidos. Ann. Rev. Plant Physiol. 25: 135.

54. Murashige T, Skoog F (1962) A revised medium for rapid growth and bioassays with tobacco tissue cultures. Plant Physiol. 15: 473-497.

55. Navarro-Mastache LC (2007) Micropropagação comercial em grande escala no México. A experiência da Agromod, S.A. de C.V. Ata Horti. 748: 91-94.

56. Okere AU, Adegey A (2011) In vitropropagação de uma espécie de madeira medicinal em perigo de extinção Khaya grandifoliolaC. Dc. Afr. J. Biotechnol. 10(17): 33353339.

57. Park YS, Barrett JD, Bonga JM (1998) Application of somatic embryogenesis in high value clonal forestry: development, genetic control and stability of cryopreservedclones. In vitro Cell. Dev. Biol. Plant. 34: 231-239.

58. Payne GF, Shuler ML, Brodelius P (1987) Plant cell culture. J.In: B. K. Lydensen (ed). Large Scale Cell Culture Technology. Hanser Publishers, Nova Iorque, EUA. 193-229.

59. Purkayastha J, Sugla, T, Paul A, Maumdar P, Basu A, Solleti SK, Mohommad A, Ahmed Z, Sahoo L (2010) Regeneração eficiente de plantas in vitro a partir de ápices de rebentos e transferência de genes por bombardeamento de partículas em Jatropha curcas. Biologia Plantarum. 54: 13-20.

60. Rao RS, Ravishankar GA (2002) Plant tissue cultures; chemical factories of

secondary metabolites (Culturas de tecidos de plantas; fábricas químicas de metabolitos secundários). Biotechnol. Adv. 20: 101-153.

61. Rafiq M, Dahot MU, Mangrio SM, Naqvi HA Qarshi IA (2007). Propagação clonal in vitro e análise bioquímica de Stevia rebaudianaBertoni estabelecida no terreno. Pak. J. Bot. 39(7): 2467-2474.
62. Ramachandra SR, Ravishankar GA (2002) Plant cell cultures: Fábricas químicas de metabolitos secundários. Biotechnol. Adv. 20:1001-153.
63. Siahsar B, Rahimi M, Tavassoli A, RaissiAS (2011) Aplicação da Biotecnologia na Produção de Plantas Medicinais. J. Agric. & Environ. Sci. 11(3): 439- 444Rout GR. (2004). Efeito de citocininas e auxina na micropropagação de Clitoria ternateaL. Biol. Lett. 41(1): 2126.
64. Saini R, Jaiwal PK (2002) Age, position in mother seedling, orientation, and polarity of the epicotyl segments of blackgram (Vigna mungoL. Hepper) determines its morphogenic response. Plant Sci. 163(1): 101-109.
65. Sagare AP, Lee YL, Lin TC, Chen CC, Tsay HS (2000) Embriogénese somática induzida por citocinina e regeneração de plantas em Coryodalis yanhusuo (Fumariaceae) - uma planta medicinal. Plant Sci. 160: 139-147.
66. Sasson A (1993) Biotechnologies in developing countries, present and future, Vol.1. Paris: Organização das Nações Unidas para a Educação, a Ciência e a Cultura.
67. Sengar RS, Chaudhary R, Tyagi SK (2010) Situação atual e âmbito da floricultura desenvolvida através de diferentes ferramentas biológicas. Res J. of Agri. Sci. 1(4): 306314.
68. Shrivastava N, Patel T, Srivastava A (2006) Biosynthetic potential of in vitro grown callus cells of Cassia sennaL. var. senna. Curr.Sci. J. 90: 1472-1473.
69. Sinclair TR, Purcell LC, e Sneller CH (2004) A transformação de culturas e o desafio de aumentar o potencial de rendimento. Trend Plant Sci. 9: 70-75.
70. Singh KK, Gurung B (2009) In vitropropagation of R. maddeni Hook. F., uma espécie de rododendro ameaçada de extinção dos Himalaias de Sikkim. Notulae Botanicae Horti Agrobotanici Cluj-Napoca. 37(1): 79-83.
71. Singh RB (1992) Current status and futureprospects of plant biotechnologies in developing countries in Asia. In: Sasson A, Costarini, editores. Plant Biotechnologies for Developing Countries. Londres: 141-162.
72. Skoog F, Miller CO (1957) Chemical regulationof growth and organ formation in plant tissue cultures in vitro. Symp. Soc. Exp. Biol. 11: 118-131.
73. Shalaka DK, Sandhya P (2009) Micropropagação e organogénese em Adhatoda vasica para a estimativa de vasina. Pharm. Mag. 5: 539-363.
74. Sudherson CS, Manuel J, Al-Sabah (2008) Produção de plantas haplóides a partir de grãos de pólen de ervilha do deserto de Sturt através de embriogénese somática. Am-Euras. Sci.Res. 3(1): 44-47.
75. Sujanya S, Poornasri DB, Sai I (2008) Produção in vitro de azadiractina a partir de culturas de suspensão celular de Azadirachta indica. Biosci. J. 33: 113-120.

76. Thorpe T (2007). História da cultura de tecidos de plantas. J. Mol. Microbial Biotechnol. 37: 169-180.
77. Tilkat E, Onay A, Yildirim H, Ayaz E (2009) Diret plant regneration from mature leaf explants of pistachio, Pistacia veraL. Scientia Hort. 121(3): 361-365.
78. Ting IP (1982). Plant physiology. Addison-Wesleyn Reading, Massachusetts. 642.
79. Toriyama K, Hinata K, Kameya T (1987) Produção de plantas somáticas híbridas, "Brassicomoricandia", através da fusão de protoplastos entre Moricandia arvensis e Brassica oleracea. Plant Sci. 48(2): 123-128.
80. Torres-Munoz L, Rodriguez-Garay B (1996) Embriogénese somática no cato ameaçado Turbinicarpus psudomacrochele(Buxbaum & Backerberg). J. PACD. 1: 36-38.
81. Tyagi RK, Agrawal A, Mahalakshmi C, Hussain Z, Tyagi H (2007) Meios de baixo custo para a conservação in vitro de curcuma (Curcuma longaL.) e avaliação da estabilidade genética utilizando marcadores RAPD. In Vitro Cell. Develop. Biol. Plant. 43: 51-58.
82. Umamaheswai A, Lalitha V (2007) Efeito in vitro de várias hormonas de crescimento em Capsicum annumL. na indução de calos e produção de Capsiacin. Plant Sci. J. 2: 545-551.
83. Vasil IK (1994) Molecular Improvement ofCereals. Plant Mol. Biol. 25: 925-937.
84. Vijayasree N, Udayasri P, Aswani KY, Ravi BB, Phani KY, Vijay VM (2010) Advancements in the Production of Secondary Metabolites (Avanços na Produção de Metabolitos Secundários). J. Nat. Prod. 3: 112-123.
85. Wagiah ME, Alam G, Wiryowidagdo S, Attia K (2008) Produção melhorada do alcaloide indol catina-6-um a partir de culturas de suspensão celular de Brucea javanica(L.) Merr. Sci. Technol. J. 1: 1-6.
86. Xiangqian LI, Krasnyanski FS, Schuyler SK (2002) Somatic embryogenesis, secondary somatic embryogenesis and shoot organogenesis in Rosa. Plant Physiol. 159: 313-319.
87. Yang X, Wang X, Wei M. Resposta da fotossíntese nas folhas de plântulas de pepino à intensidade da luz e à concentração de CO2 sob stress de nitrato. Jornal Turco de Botânica 2010; 34: 303-310.
88. Yeung EC, Thorpe TA, Jensen CJ (1981) In vitrofertilization and embryo culture in plant tissue culture: Methods and Applications in Agriculture, ed. Thorpe, T.A. Academic Press, York. Thorpe, T.A. Academic Press, Nova Iorque. 253-271.
89. Yesil-Celiktas O, Gurel A, Vardar-Sukan F (2010) Cultivo em grande escala de células vegetais e cultura de tecidos em bioreactores. Transworld Res. Network. 1-54.
90. Zhao J, Zhu W, Hu Q (2001) Aumento da produção de catarantina em culturas de Catharanthus roseuscell por tratamento combinado com elicitores em frascos agitados e bioreactores. Enzyme Microbiol. Technol. J. 28: 673681.
91. As fotografias e alguns diagramas foram obtidos de várias fontes não protegidas por

direitos de autor, incluindo a Wikipédia, a Biblioteca Pública de Ciência, o Google e a Wikimedia Commons.

OBRIGADO

MIX
Papier aus verantwortungsvollen Quellen
Paper from responsible sources
FSC® C105338

Printed by Books on Demand GmbH, Norderstedt / Germany